Max Schneckenburger

Machine learning Modell für die Abtragsvorhersage in der Roboter-Glaskeramik-Politur

Werkstofftechnik Aktuell

Schriftenreihe aus dem Fakultätsübergreifenden Institut für Werkstofftechnik (IWT) an der TU Ilmenau
Herausgegeben von Univ.-Prof. Dr. rer. nat. Peter Schaaf und Univ.-Prof. Dr.-Ing. Edda Rädlein

Band 24

Die vorliegende Schriftenreihe "Werkstofftechnik Aktuell" berichtet über aktuelle Forschungsergebnisse aus dem Institut für Werkstofftechnik (IWT) der TU Ilmenau. Die ausgewählten Texte spiegeln die breit gefächerten materialwissenschaftlichen und werkstofftechnischen Themen, die am IWT bearbeitet werden, wieder. Für weitere Informationen und Rückfragen können Sie sich gerne an das Institut (www.tu-ilmenau.de/wt) wenden oder das Institut persönlich besuchen. Über Ihre Anregungen, konstruktive Kritik und Ihre Kontaktaufnahme würden wir uns sehr freuen. Das IWT steht wissenschaftlichen Zusammenarbeiten stets aufgeschlossen gegenüber.

Machine learning Modell für die Abtragsvorhersage in der Roboter-Glaskeramik-Politur

Max Schneckenburger

Universitätsverlag Ilmenau
2022

Impressum

Bibliografische Information der Deutschen Nationalbibliothek
Die Deutsche Nationalbibliothek verzeichnet diese Publikation in der Deutschen Nationalbibliografie; detaillierte bibliografische Angaben sind im Internet über http://dnb.d-nb.de abrufbar.

Diese Arbeit hat der Fakultät für Maschinenbau der Technischen Universität Ilmenau als Dissertation vorgelegen.

Tag der Einreichung:	28. September 2021
1. Gutachterin:	Univ.-Prof. Dr.-Ing. habil. Edda Rädlein (Technische Universität Ilmenau)
2. Gutachter:	Prof. Dr. Rainer Börret (Hochschule Aalen, Zentrum für Optische Technologien)
3. Gutachter:	Dr. Oliver Fähnle (Ostschweizer Fachhochschule Buchs/Schweiz)
Tag der Verteidigung:	11. Mai 2022

Technische Universität Ilmenau/Universitätsbibliothek
Universitätsverlag Ilmenau
Postfach 10 05 65
98684 Ilmenau
https://www.tu-ilmenau.de/universitaetsverlag

ISSN 1868-6532
ISBN 978-3-86360-259-8 (Druckausgabe)
DOI 10.22032/dbt.52077
URN urn:nbn:de:gbv:ilm1-2022000175

Vorwort und Danksagung
Preamble and Acknowledgment

Die vorliegende Arbeit entstand während meiner Tätigkeit als wissenschaftlicher Mitarbeiter am Zentrum für Optische Technologien (ZOT) an der Hochschule Aalen.

Mein erster Dank gilt Frau Univ.-Prof. Dr. Edda Rädlein, der Fachgebietsleiterin anorganisch-nichtmetallische Werkstoffe der TU Ilmenau, für die fachliche Unterstützung meiner Arbeit und der Übernahme des Prüfungsvorsitzes.

Mein besonderer Dank gilt Herrn Prof. Dr. Rainer Börret, dem Leiter des ZOTs der mir bei der Themenfindung geholfen hat und mich fachlich immer unterstützt hat.

Ich möchte mich ebenfalls bei meinem dritten Gutachter Dr. Oliver Fähnle bedanken. Er ist Senior Research Scientist und Gruppenleiter der Optical Fabrication Technology Gruppe an der Ostschweizer Fachhochschule und arbeitet darüber hinaus bei der Fisba AG in der Schweiz. Er hat die Aufgabe des Gutachters dankenswerterweise vergleichsweise kurzfristig übernommen.

Des Weiteren möchte ich mich bei all denen bedanken, mit denen ich in den letzten Jahren zusammengearbeitet habe, hier sind vor allem Luis, Rui, Sven, Sarah und Jonas zu nennen. Des Weiteren möchte ich mich bei meinen Eltern und meiner Schwester bedanken, ohne die diese Promotion nicht möglich gewesen wäre. Ihr habt mich immer bedingungslos unterstützt. Ein weiterer Dank geht an Mario, danke für die vielen gemeinsamen Stunden und des fachlichen Austausches.

Als letztes möchte ich mich bei denen bedanken, die in den schweren Zeiten für mich da waren und wiederaufgebaut haben, vor allem die Bewohner der Wellandstraße, Chris und alle weiteren Wegbegleiter.

Zusammenfassung
Summary

Im 21. Jahrhundert gehören optische Systeme zu den Schlüsseltechnologien und spielen eine entscheidende Rolle im technischen Fortschritt. Hochgenaue optische Linsen finden sich u. a. in Astrospiegeln, Lasergyroskopen oder Lithographie-Linsen und die Anforderungen an Stückzahl und Qualität steigen kontinuierlich. Einer der letzten Prozessschritte in der Fertigungskette von Glas-Hochleistungsoptiken ist in der Regel die Politur. Von diesem Prozessschritt hängt maßgeblich die Bauteilqualität ab.

Trotz langer Tradition und Verwendung in der Industrie herrscht immer noch kein umfassendes Prozessverständnis. Zwar sind empirische Parametersätze vorhanden, jedoch gibt es keine Erkenntnis, inwiefern sich eine Änderung einzelner Parameter auf den Materialabtrag auswirkt. Während zahlreiche Untersuchungen empirische Prozessmodelle betrachteten, blieb der Einsatz von datengetriebenen Poliermodellen bislang weitgehend unbeachtet.

Ziel dieser Arbeit ist daher die Entwicklung eines datengetriebenen Poliermodells für die Robotergestützte-Politur von Optiken. Durch den Einsatz von Sensoren am Bearbeitungskopf werden alle relevanten Prozessparameter aufgezeichnet. Durch Datenanalyse können Anomalien und Muster im Prozess detektiert und darauf reagiert bzw. für weitere Analysen genutzt werden. Des Weiteren wird auf Grundlage der Daten ein maschinenlernendes Modell zur Vorhersage von Materialabtrag auf gekrümmten Flächen erstellt und validiert.

Das vorliegende Machine learning Modell bildet den betrachteten Polierprozess und Einflüsse auf diesen durch den Sensoreinsatz ab. Das Modell erreicht eine Vorhersagengenauigkeit des Abtrages von 99,22 % (R^2-Wert), welches bei Prozessvorhersagen als sehr gut bewertet wird.

Summary
Zusammenfassung

In the 21st century, optical systems are part of key technologies and play a decisive role in technical progress. High-precision optical lenses are found in astro-mirrors, laser gyroscopes or lithography lenses, among others, and requirements in terms of quantity and quality are continuously increasing. One of the last process steps in the production chain of high-performance glass optics is usually polishing. Thus, their component quality depends significantly on this process step.

Despite a long tradition and use in industry, there is still no comprehensive understanding of the process. Although empirical parameter sets are available, there is no understanding of how changing individual parameters affect material removal. While numerous studies have investigated empirical process models, the use of data-driven polishing models has so far remained unaddressed.

The aim of this work is therefore to develop a data-driven polishing model for the robot-assisted polishing of optics. By using sensors on the processing head, all relevant process parameters are recorded. Through data analysis, anomalies and patterns in the process can be detected and reacted to or used for further analysis. Furthermore, a machine learning model for predicting material removal on curved surfaces is created and validated on the basis of the data.

This machine learning model represents the polishing process under consideration and influences on this are mapped by the use of sensors. The model has a material removal prediction accuracy of 99.22% (R^2-Value), which means a good value in process predictions.

Inhaltsverzeichnis
Table of Contents

Abbildungsverzeichnis
List of figures

Tabellenverzeichnis
List of tables

Abkürzungsverzeichnis
Symbols and Abbreviations

Große Buchstaben
Large letters

Abkürzung	Einheit	Beschreibung
2D	[-]	Zweidimensional
3D	[-]	Dreidimensional
AAS	[-]	Atomabsorptionsspektroskopie
ABB	[-]	Asea Brown Boveri, Schweizer Konzern
ANOVA	[-]	Analyse of variance
BUS	[-]	Binary Unit System
CAD	[-]	Computer aided design
CAM	[-]	Computer aided manufacturing
CCD	[-]	Charge-Coupled Device
CCP	[-]	Computer controlled polishing
CCOS	[-]	Computer controlled optical surfacing
C_j	[-]	Savitzky-Golay-Filter-Koeffizient
CMP	[-]	Chemo-Mechanisches Planarisieren
CNC	[-]	Computerized Numerical Control
CPU	[-]	Central processing unit (Prozessor)
CSV	[-]	Comma-separated value (Datenformat)
CTE	[m/K]	Coefficient of thermal expansion
D	[-]	Durometer
D100	[-]	Zeiss Direct 100 Messmaschine
DBN	[-]	Deep Belief Network
DMI	[-]	Direct measurement interferometry
DMS	[-]	Dehnungsmessstreifen

Abkürzung	Einheit	Beschreibung
DoE	[-]	Design of Experiment (dt. Versuchsplan)
EUV	[-]	Extreme ultraviolette Strahlung
GPU	[-]	Graphics processing unit (dt. Grafikprozessor)
HSC	[-]	High speed cutting
IBF	[-]	Ion Beam Figuring
IRB	[-]	Industrial Roboter
IRP	[-]	Intelligente Roboter Politur
KI	[-]	Künstliche Intelligenz (*engl.* AI, Artificial Intelligence)
KNN	[-]	Künstliche Neuronale Netze (*engl.* ANN, Artificial Neuronal Networks)
Kp	[mm²/N]	Preston-Koeffizient
LAS	[-]	Lithiumaluminiumsilikatglas
LP66	[-]	Poliermittelträgertyp
MAE	[-][1]	Mean absolute Error
MEMS	[-]	Micro-Electro-Mechanical System
ML	[-]	Machinenlernen
MRF	[-]	Magnetorheologisches Finishing
MRR	[µm/min]	Materialabtragsrate (*engl.* Material removal rate)
MSE	[-][1]	Mittlere quadratische Abweichung (*engl.* Mean squared error)
NC	[-]	Numerische Steuerung
NN	[-]	Neuronale Netze
OIML	[-]	International Organisation of Legal Metrology

[1] Von Zielparameter abhängig

1 Von Zielparameter abhängig

Abkürzung	Einheit	Beschreibung
ONN	[-]	Optische Neuronale Netze
OPL	[mm]	Optische Weglänge
P	[W]	Leistung
P_{norm}	[N]	Normalkraft Polierwerkzeug
PC	[-]	Personal Computer
PHM	[-]	Gesellschaft für Prognostic and Health Management
PV	[nm]	Peak-to-valley (Min-Max-Rauheit)
PtPX	[mm/s]	Schwingungssensorwert x-Achse Peak-to-Peak
PtPY	[mm/s]	Schwingungssensorwert y-Achse Peak-to-Peak
R	[mm]	Krümmungsradius
R^2	[-]	Pearson-Koeffizient
ReLU	[-]	Rectified Linear Unit
RFE	[-]	Recursive Feature Elimination
RMS	[nm]	Root mean square
RMSX	[mm/s]	Schwingungssensorwert x-Achse Root mean square
RMSY	[mm/s]	Schwingungssensorwert y-Achse Root mean square
RMSE	[-]	Wurzel der mittleren quadratischen Abweichung (*engl.* Root mean square error)
Sa	[nm]	Mittlere arithmetische Rautiefe
SKB	[-]	SelectKBest
SPS	[-]	Speicherprogrammierbare Steuerung
Sq	[nm]	Mittlere Rautiefe
SSD	[nm]	Sub surface damages
Sz	[nm]	Maximale Rautiefe
ULE	[-]	Ultra low expansion glass

Abkürzung	Einheit	Beschreibung
V	[m^3]	Volumen
V_i	[m^3]	Teilvolumen
WLI	[-]	Weißlichtinterferometer
ZOT	[-]	Zentrum für Optische Technologien Institut an der HS Aalen

Kleine Buchstaben

Small letters

Abkürzung	Einheit	Beschreibung
adam	[-]	adaptive moment estimation
f_{nom}	[-]	Normalisierungsfaktor
j	[-]	Zählvariable
m	[-]	Zählvariable
mi	[kg]	Teilmasse
n	[-]	Zählvariable
n	[1/min]	Antriebsdrehzahl
nm		Nanometer, Einheit
ni	[1/min]	Drehzahl Lagerinnenring
pH	[mol/l]	potentia Hydrogenia
ppm	[µg/g]	part per million
r	[mm]	Linsenradius
v_a	[m/s]	Umfangsgeschwindigkeit Lageraußenring
v_i	[m/s]	Umfangsgeschwindigkeit Lagerinnenring
v_k	[m/s]	Umfangsgeschwindigkeit Lagerkäfig
v_{rel}	[m/s]	Relativgeschwindigkeit
t_i	[s]	Zeitstempel
w_i	[-]	Gewichtung Eingangssignal
x_i	[-]	Eingangssignal
y	[-]	Ausgangssignal
y_k^*	[-]	Aufbereitetes Signal
y_{k+1}	[-]	Eingangssignal
y_n	[-]	Beobachteter Wert
$\hat{y}_n$	[-]	Vorhergesagter Wert

Griechische Buchstaben

Greek letter

Buchstabe	Einheit	Beschreibung
α	[°]	Winkel um X-Achse
β	[°]	Winkel um Y-Achse
η	[-]	Wirkungsgrad
λ	[nm]	Wellenlänge Licht
μ	[-]	Reibungskoeffizient
σ	[-][2]	Standardabweichung

[2] Von Zielparameter abhängig

Chemische Stoffe

Chemical substances

Abkürzung	Benennung
Al	Aluminium
Al_2O_3	Aluminiumoxid
As_2O_3	Arsentrioxid
CeO_2	Cer(IV)oxid
Cr_2O_3	Chromoxid
H^+	Hydroniumkationen
HeNe	Helium-Neon
H_2O	Wasser
K	Kalium
K_2O	Kaliumoxid
Li	Lithium
Li_2O	Lithiumoxid
MgO	Magnesiumoxid
Na	Natrium
Na_2O	Natriumoxid
O	Sauerstoff
P	Phosphor
P_2O_5	Diphosphorpentoxid
PU	Polyurethan
SiC	Siliziumkarbid
SiO_2	Siliziumdioxid
TiO_2	Titanoxid
ZnO	Zinkoxid
ZrO_2	Zirkoniumdioxid

1 Einleitung und Motivation
Introduction and Motivation

Nach dem Jahrhundert des Elektrons, prognostiziert der VDI das 21. Jahrhundert als Jahrhundert des Photons [Bri00]. Bewahrheitet sich diese Vorhersage, steigen die Anforderungen an Qualität und Stückzahl an Optiken erheblich. Die optische Fertigungsbranche müsste den Automatisierungsgrad und die Prozessstabilität der Prozesskette für Werkstücke mit hoher Präzision und/oder hoher Stückzahl anpassen. Heutzutage sind Hochleistungsoptiken aus unserem Leben nicht mehr wegzudenken: von Lithografie-Linsen zu Beleuchtung von Computerchips bis hin zu überdimensionalen astronomischen Spiegeln, mit denen das Weltall erkundet wird. So vielfältig wie das Produktportfolio ist, variieren u. a. auch Größe, Material und die Anforderungen an die Qualität der einzelnen optischen Komponenten. Nach derzeitigem Stand der Technik erfolgt der Polierprozess iterativ. Zwischen den einzelnen Polierschritten wird die Oberfläche vermessen und Prozessparameter angepasst. Eine möglichst vollständige Kontrolle der wichtigsten Einflussfaktoren, Simulieren des Ergebnisses, sowie Vorhersage über den Abtrag an jeder Position der Linse steigern die Effizienz des Prozesses. Die jüngsten technologischen Neuerungen, die als vierte industrielle Revolution anerkannt wurden, ermöglichen grundlegende Veränderungen im laufenden Herstellungsverfahren. Reale Prozesse werden in cyber-physikalischen Prozessen abgebildet, indem hochentwickelte Hardware, innovative Software, Sensoren und große Datenmengen miteinander kombiniert werden. Ziel ist es effizientere und vernetzte Fertigungsprozesse zu realisieren. Mit der Verfügbarkeit von leistungsfähiger Hardware findet maschinelles Lernen Anklang in der Prozessentwicklung. Ein vorhandenes Grundgerüst eines Machine learning Modells wird mithilfe der Sensordaten angepasst und optimiert. Das System erstellt auf Grundlagen dieser Daten statistische Regeln, um Prozessvorhersagen zu treffen. Ein wichtiger Kernpunkt ist der Polierabtrag, wie er von den Simulationswerkzeugen prognostiziert wird, um eine präzise und effizientere Fertigung durchführen zu können. In der Folge ist auch die einfache und intuitive Verwaltung aller Daten entlang des Prozesses obligatorisch, einschließlich der Bewertung der Prozessqualität mittels objektiver Technologien.

Die vorliegende Arbeit verknüpft die beiden Schlüsseltechnologien des 21. Jahrhunderts »Optische Technologien« und »Künstliche Intelligenz« mit den Zielen, einen Beitrag zur Steigerung des Prozessverständnisses beim Polieren optischer Flächen für die Abtrags-Maximierung zu leisten. Die im Rahmen dieser Arbeit durchgeführten experimentellen und theoretischen Untersuchungen zu den Wirkmechanismen des Prozesses, sowie zu den technologischen Zusammenhängen der Einflussparameter sollen weitere Grundlagen für die Roboterpolitur von Glas bereitstellen. Dabei liegt das besondere Augenmerk auf der Anwendung von maschinellem Lernen auf die größtenteils empirische Prozesstechnologie des Glaspolierens. Durch den Einsatz von Sensoren werden einerseits betriebswirtschaftliche Motive, wie zum Beispiel planbare Instandhaltungsmaßnahmen, Verkürzung der Stillstandszeiten, Kostenminimierung, insbesondere der Ausfallvorhersage (*engl.* predictive maintenance) und der Zustandsüberwachung (*engl.* condition monitoring) bedient. Anderseits können mit den Sensoren und den Aktoren wissenschaftliche Aussagen getroffen und wiederholbare Ergebnisse erzielt werden, u. a. die Betrachtung neuer Effekte, die durch Prozessdivergenz verborgen bleiben und Rekonstruktion von Schädigungsabläufen. Der Sensoreinsatz bietet überdies die Grundlage für ein Nachregeln der Prozessparameter im Schadensfall bzw. ein Eingreifen des Maschinenbedieners.

Ohne den hochgradig nichtlinearen physikalischen Abtragsmechanismus der Politur zu erforschen, modelliert der in dieser Studie vorgeschlagene datengesteuerte Ansatz die Beziehung zwischen Prozessvariablen und Materialabtrag mithilfe eines neuronalen Netzes. Das erweiterte Prozessverständnis und die gewonnen Erkenntnisse über das Poliersystem können hierbei die immer wichtiger werdende wissensbasierte Prozessauslegung unterstützen.

2 Ziel der Arbeit und Vorgehensweise
Aim of the work and approach

Dieser Einleitung folgt die Darstellung des Standes der Erkenntnis in der Forschung und der Industrie. Es werden die Verfahrensgrundlagen erläutert und auf die Besonderheiten bei der Anwendung in der Optikindustrie, der Roboterpolitur selbst und dem Werkstoff Glas, insbesondere Glas mit einem geringen Wärmeausdehnungskoeffizienten hingewiesen. Es folgt der Stand der Technik hinsichtlich bestehender Prozessmodelle, künstlicher Intelligenz und maschinelles Lernen. Daraus wird in Kapitel 2 das wissenschaftliche Ziel der vorliegenden Arbeit abgeleitet. Die zugrunde gelegten Forschungshypothese wird formuliert und ein möglicher Lösungsweg erläutert.

Im Rahmen der Arbeit erfolgen Untersuchungen der Verwendung von Machine learning Algorithmen in der Politur von Glasoberflächen mittels Roboterpolitur. Dazu werden industrielle Polierköpfe mit Prozesssensoren ausgestattet, bzw. für den Sensoreinsatz optimierte Polierköpfe aufgebaut. Im ersten Schritt werden auf Grundlage von Fachliteratur und Labor-Erfahrungen zu beobachtende Prozessparameter ausgewählt. Die dafür benötigten Sensoren werden im nächsten Schritt eingebaut. Anschließend werden vorpolierte Glaslinsen mit diesen Polierköpfen bearbeitet. Durch das Vermessen des Glaswerkstücks vor und nach dem Polieren, können den Sensordaten Abtragsdaten zugewiesen werden.

Für die Dimensionierung der regelbaren Prozessparameter und der Definition der Versuchsreihenfolge wird ein statistischer Versuchsplan genutzt. Nach dem Aufbereiten der Sensordaten, werden diese für die Datenanalyse und Optimierung eines Machine learning Modells genutzt. Durch das Machine learning und der statistischen Versuchsplanung kann der Polierprozess auf die Zielgröße Materialabtrag optimiert werden. Mit Hilfe der Sensoren können mittels Datenanalyse Anomalien und Muster im Prozess detektiert werden.

Diese Arbeit konzentriert sich auf die Entwicklung eines neuronalen Netzes, das Vorhersagen auf Basis der im Polierprozess aufgenommenen Daten treffen soll. Es werden Polierversuche durchgeführt, um Daten zu generieren, anhand derer das neuronale Netz trainiert wird. Anschließend wird es anhand von Vorhersagen evaluiert.

Das Netz wird in der Programmiersprache Python mit Hilfe der Deep-Learning-Bibliothek Keras entwickelt. Zu Beginn werden eine schlichte Netzarchitektur und gebräuchliche Trainingsparameter verwendet. Das Modell wird schrittweise durch verschiedene Optimierungsalgorithmen optimiert und nach jeder Phase evaluiert. Weitere Methoden werden zur weiteren Verarbeitung der Daten angewendet, um die Leistung des Modells zu verbessern. Am Ende der Arbeit wird das Machine learning Modell mit realen Versuchen validiert.

Die wissenschaftlichen Ziele sind es, die Automatisierung im Polierprozess weiter voranzutreiben. Dabei soll die Kontrolle über den Materialabtrag auf Grundlage der Daten vorausgesagt und bei Änderungen der Prozessparameter Aussagen über die Änderung des Zielvektors gemacht werden. Des Weiteren soll die Wiederholgenauigkeit des Prozesses weiter verbessert werden.

Prozessüberwachung ist ein fundamentales Werkzeug zum Generieren von Zustandsdaten des Fertigungsprozesses und kann genutzt werden, um die Produktqualität zu verbessern, die Prozesssicherheit zu erhöhen und den wirtschaftlichen Prozess für hochqualitative Produkte in der gewünschten Stückzahl zu optimieren. Unter wirtschaftlichen Gesichtspunkten sollen dadurch Herstellungskosten, Zeit und Investitionskosten für die Herstellung von Hochleistungsoptiken reduziert werden, insbesondere der Anfall von Ausschussteilen.

3 Stand der Erkenntnis
State-of-the-art

3.1 Begriffliche Definition Politur
Definition of polishing

Polieren ist eines der ältesten Fertigungsverfahren der Welt. Vor ca. 70.000 Jahren polierten Menschen Knochen zur Verbesserung der Haptik der Werkzeuge [Hen01]. Seit ca. 3.000 Jahre werden optische Linsen gefertigt und poliert [Cur95]. Heute noch ist das Polieren ein sehr handwerklich geprägtes Verfahren, das hauptsächlich auf Erfahrung und Empirik basiert. Durch seine Komplexität ist der Wirkmechanismus des Prozesses auch heute noch nicht vollständig verstanden [Pre22, Coo90, Eva03, Klo09b, Bec11, Klo11, Lee16]. Tabelle 3-1 gibt einen Überblick über verschiedene Veröffentlichungen und der einzelnen Zitate über das mangelnde Prozessverständnis in der Politur.

Für den Begriff »Polieren« gibt es keine eindeutige und allgemein anerkannte Definition. Die DIN 8580 (Einteilung Fertigungsverfahren) zur Klassifizierung von Fertigungsverfahren nennt den Begriff nur in Kombination mit anderen Fertigungsverfahren [DIN20]. Die DIN 58722 (Begriffe der Optikfertigung) beschreibt Polieren als Herstellung optisch wirksamer Flächen, ohne auf deren Charakteristika bzw. auf die ablaufende Wirkmechanismen des Polierens einzugehen [DIN09]. Es ist ein zeitgesteuerter Prozess mit geometrisch unbestimmten Vielkornschneiden. Es unterscheidet sich von andere abtragenden Fertigungsprozessen, wie Drehen oder Fräsen, durch die kraftgebundenen Wirkprinzipien und den chemischen Anteil am Materialabtrag [Klo18].

Tabelle 3-1: Theoretisches Defizit - Aussagen aus der Literatur, dass der Prozess des Polierens nicht ausreichend verstanden ist

Jahr	Zitat	Quelle
1921	»...are but little understood, such attention as these operations have received being mainly of an empirical nature.«	[Pre22]
1980	»Die Steuerung der Formgebung … erfolgt immer noch subjektiv...«	[Kal80]
1990	„However, such advances will not be possible without additional basic understanding of the polishing mechanism and kinetics.«	[Coo90]
2002	»...the effect...interactions of abrasive and chemistry is not quite well understood.«	[Maz03]
2009	»In these fields the process can still be described as a black box and stability, reproducibility as well as efficient processing is not necessarily given.«	[Klo09a]
2011	»Der Polierprozess ist immer noch nicht vollständig verstanden.«	[Bec11]
2019	»Hinsichtlich der Reproduzierbarkeit der Oberflächengüte herrscht teilweise nur eine geringe Prozesssicherheit vor.«	[Bli19]

Das Polieren wird im Gegensatz zu den konventionellen Prozessen wie Drehen, Fräsen und Schleifen als unkonventioneller Prozess bezeichnet [Sho12]. In der Regel ist das Korn ungebunden, man spricht von einem Verfahren mit »losem Korn« [Klo05]. Einzelne Prozessausprägungen mit gebundenem Korn treten auf. Vorrangiges Ziel der Politur ist die Erzeugung glatter, optisch nichtstreuender und exakter geometrischer Werkstückoberflächen, einschließlich der Beseitigung von durch vorhergehende Bearbeitungsschritte an der Oberfläche entstandener Defekte. Es wird poliert bis die Form- und Passgenauigkeit und die Oberflächengeometrie erreicht wurde, sowie die Mikrorisse des Vorprozesses beseitigt sind und eine optisch einwandfreie transparente Oberfläche vorliegt [Bli19]. Durch die gestiegenen Anforderungen an Hochleistungsoptiken und die Verwendung komplexerer Geometrien, wie Freiformflächen oder Asphären, nehmen in den letzten Jahren die Bestrebungen zu, den Polierprozess zu verstehen und zu optimieren.

Beim Polieren werden Polierkörner mit einer Normalkraft beaufschlagt und bewegen sich relativ zur Glasoberfläche. Durch verschiedene Wirkmechanismen tragen die Wirkkörner zum Materialabtrag bei. In den optischen Fertigungsschritten Schleifen, Läppen und Polieren finden sich viele Parallelen und Gemeinsamkeiten. Im Vergleich zum Polieren finden beim Läppen größere Korngrößen und härtere Poliermittelträger Verwendung [Kas90]. Im Rahmen dieser Arbeit wird der Begriff Polieren entsprechend der aufgeführten Einordnung eines materialabtragenden Fertigungsverfahren mit undefinierter Schneide und losem Korn verwendet. Werkstück und Polierwerkzeug bewegen sich relativ zueinander und Letzteres wird mit einer Normalkraft auf das Werkstück bzw. den Poliermittelfilm gedrückt.

Viele Parallelen finden sich zwischen dem Polieren optischer Oberflächen und dem chemisch-mechanischen Planarisieren von Wafern, vor allem im Bereich der Abtragshypothesen. Beim chemisch-mechanischen Polieren (CMP), auch chemisch-mechanisches Planarisieren genannt, werden Wafer unterschiedlicher Materialien (u. a. monokristallines Silizium oder

Siliziumkarbid) auf eine Dickengenauigkeit von ± 0,5 µm poliert [Wol02]. Durch das Planarisieren können mehrschichtige mikroelektrische Schaltungen auf Wafern realisiert werden. Aufgrund der höheren wirtschaftlichen Bedeutung und der größeren Forschungsgemeinde gibt es für das chemisch-mechanische Planarisieren eine größere Anzahl an Veröffentlichungen als für das Polieren von Glas. Diese Politur unterscheidet sich von der Glaspolitur in der Geometrie (ausschließlich Planwerkstücke), Werkstückgröße (einer Werkstückkontur), Relativgeschwindigkeit, dem Bewegungssystem und den Stückzahlen. CMP von Wafern wird ähnlich gering verstanden, wie das Polieren von Glaswerkstücken und ist vorrangig heuristisch, also über Versuch und Irrtum erforscht [Luo04]. Solange der Prozess konstant gehalten werden kann, ist die Abtragsvorhersage präzise. Werden im Prozess Parameter verändert, kann keine detaillierte Aussage über den Prozess gemacht werden [Mul03]. Ein weiterer Grund für das geringe Verständnis beim CMP ist ebenfalls der geringe Einsatz von in-situ Sensoren [Bon96].

Es gibt mehrere Begrifflichkeiten, die das chemisch-mechanische Polieren beschreiben. Je nach verwendetem Begriff, werden die Haupteinflussfaktoren des jeweiligen Materialabtrages in den Vordergrund gestellt. Bei der Politur wird vorrangig zwischen dem mechano-chemischen (vorrangig Reib-Verschleiß als Abtragsmechanismus) [Vor82], chemisch-mechanischen (Kombination von chemischem und mechanischem Abtrag) [Nan95] und tribo-mechanischen Polieren (Veränderung der mechanischen oder chemischen Komponente durch Hitze) [Hei85] unterschieden.

KOMANDURI gibt einen Überblick und Unterscheidungen der verschiedenen Begrifflichkeiten für optische Schleif- und Polierprozesse [KOM97]. *Computer controlled polishing* (CCP) bzw. *Computer controlled optical surfacing* (CCOS) bezeichnet den Korrekturschritt beim Polieren. Lokales CCP wurde in den Jahren 1968 bis 1976 entwickelt [Jon68, Asp72, Baj76]. Beim CCP wird die Polierbahn auf Grundlage der vorhergegangenen Oberflächenmessung berechnet. Dies kommt bei iterativen Prozessen von großen oder präzisen Optiken zum Einsatz [Der10]. Beim Polieren ist der Abtrag zeitabhängig, er nimmt mit Dauer der Politur zu. Man spricht von einem verweilzeitgesteuerten Prozess. Vor der Entwicklung des CCP-Prozesses wurden diese Korrekturen durch hochqualifizierte Feinoptiker durchgeführt. Durch die Automatisierung wurde der Prozess deterministisch und produktiver [Bra08].

Seit den 2000er Jahren steigt der Automatisierungsgrad in der Optikbranche stetig. Roboter werden neben der integrierten Handhabung auch als CNC-Poliermaschine verwendet. Nach BRINKMANN [Bri00] war im Jahr 2000 der Automatisierungsgrad der Anlagen gering, sowie die Reproduzierbarkeit der Polierprozesse auf diesen Maschinen noch nicht gegeben. Ab etwa 1990 haben CNC-gesteuerte Präzisionswerkzeugmaschinen Einzug in die Fertigung optischer Komponenten gefunden. Seit 1988 werden Flächen höchster Präzision durch gezielte rechnergestützte Politurkorrekturen (CCP) hergestellt, was heutzutage eine Formabweichung von 150 - 280 pm (je nach Ortswellenlängenbereich zwischen 0,5 – 30 µm) entspricht [Dir17]. Zur Herstellung einzelner präziser Bauelementoberflächen sind die Arbeitsgänge der Kernfertigung entsprechend oft anzuwenden. Die qualitative Bewertung der

Oberfläche wird über interferometrische Mess- bzw. Prüfverfahren gewährleistet. Für die deterministische Fertigung sind profundes Prozessverständnis, automatisches Messen, sowie werkstoffspezifische und prozessrelevante Parameter notwendig. Laut dem LENKUNGSKREIS OPTISCHE TECHNOLOGIEN stellt die Prozessbeherrschung beim Polieren eine Herausforderung für das 21. Jahrhundert dar. Durch die Vielzahl an prozessrelevanten Einflussgrößen gestaltet sich die Prozesskontrolle schwierig. Der Lenkungskreis empfiehlt, zumindest für Vorzugsgläser, die Untersuchung der Parameter, die Überwachung des Poliermittels, sowie der Integration von Sensoren und Messtechnik zur Online-Flächenbeurteilung [Bri00]. Das amerikanische Pendant HARNESSING LIGHT bezeichnet CCP und die Herstellung von hochgenauen Optiken, beispielsweise für die EUV-Technologie (Extreme ultraviolette Strahlung), als eine der Schlüsseltechnologien des 21. Jahrhunderts. Hierbei werden Rauheiten von 0,1 nm rms und 1 nm peak-to-valley (PV) erreicht [Gho18]. Für eine dauerhafte Wiederholbarkeit muss die Leistungsfähigkeit der Herstellungsprozesse gesteigert werden [Nat99].

Die Hauptkomponente des Polierprozesses besteht aus einem Polierwerkzeug, das über die Glasoberfläche geführt wird. Der gesamte Materialabtrag findet im Polierspalt (Abbildung 3-1), dem Bereich zwischen Polierwerkzeug und Glasoberfläche statt. Das Polierwerkzeug besteht üblicherweise aus einem Elastomer und einer Polierfolie, dem viskoelastischen Poliermittelträger. Aufgrund des elastischen Materialverhaltens schmiegt sich das Polierwerkzeug, selbst bei Unebenheiten, an die Glasoberfläche an. Im Polierspalt befindet sich üblicherweise eine Poliersuspension aus Wasser und Polierkörnern.

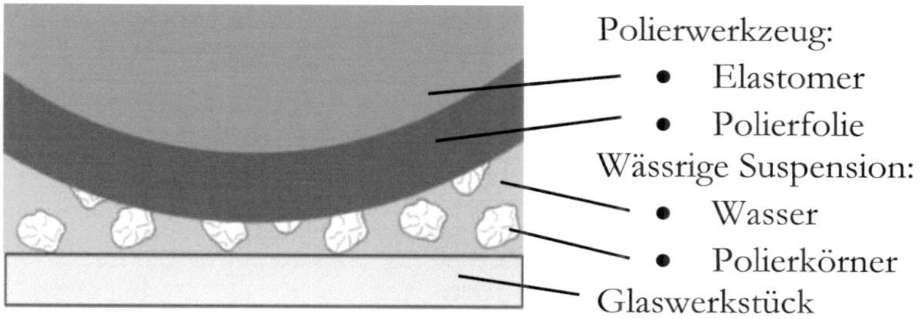

Abbildung 3-1: Schematische Darstellung des Polierspaltes

Deterministische Modelle eignen sich zur Beschreibung einzelner Aspekte der Politur, schaffen es jedoch nicht die Politur vollständig zu beschreiben. Divergieren einzelne Prozessparameter oder werden einzelne Prozessparameter verändert, ist die Gültigkeit des Modelles nicht mehr gegeben. Die Verwendung von Sensoren verbessert das Prozessverständnis, jedoch vermitteln datengetriebene Modelle nicht direkt ein besseres Prozessverständnis, wie es beispielsweise physikalische Modelle tun. Die Modelle versuchen einen oder mehrere Wechselwirkungen zu beschreiben. Die möglichen Interaktionen im Wirkspalt werden von EVANS zusammengestellt [Eva03]. Es gibt insgesamt sechs Wechselwirkungen: Glas - Polierkorn, Glas - Polierwerkzeug, Glas - Polierflüssigkeit, Polierkorn - Polierwerkzeug, Polierkorn - Polierflüssigkeit und Polierwerkzeug - Polierflüssigkeit. LUO und DORNFELD geben einen Überblick über die verschiedenen Modelltheorien für CMP [Luo03b]. Unabhängig vom Abtragsmechanismus werden die Modelle in ihrer betrachteten Wirkgröße unterteilt: Partikelgröße, Werkzeug- und Topografiegröße, sowie Werkstückgröße. Nachfolgend wird auf die gängigsten Theorien eingegangen.

Tabelle 3-2 gibt eine Überblick über physikalische Modelle in der Literatur:

Tabelle 3-2: Veröffentlichungen verschiedener Modelle auf Partikelgröße nach [Luo04]

Einflussgröße	Abtragsmechanismus	Quelle
Polierkorngröße	Glas-Polierkorn	[Coo90]
	Polierkorn-Polierwerkzeug	[Luo01]
	Polierkorn - Polierflüssigkeit	[Maz03]
pH-Wert	Polierkorn - Polierflüssigkeit	[Maz03]
	Polierwerkzeug - Polierflüssigkeit	
Größe Polierkorn	Glas - Polierkorn	[Luo03a]
Material	Glas - Polierkorn	[Han16]
Polierpadhärte	Werkstück - Polierwerkzeug	[Alm17]

Das bekannteste deterministische Modell für die Politur ist das Preston-Modell. Es beschreibt einen linearen Zusammenhang des Materialabtrags (MRR) von der Normalkraft des Polierwerkzeuges (P_{norm}), der Relativgeschwindigkeit (v_{rel}) und dem Preston-Koeffizienten (K_P) [Pre27]:

$$MRR = K_P P_{norm} v_{rel}$$

Der Preston-Koeffizient beschreibt eine Vielzahl an variablen Einflussfaktoren. Der Koeffizient ist kein Materialparameter, sondern ein Prozessparameter [Lam97]. Es wird dabei angenommen, dass die Parameter während des kompletten Polierschrittes konstant sind (z. B. keine chemische Veränderung der Poliersuspension). Bei der theoretischen Betrachtung der Preston-Gleichung ist ersichtlich, dass eine Maximierung des Polierdrucks und der Schnittgeschwindigkeit höhere Abtragsraten und eine minimale Polierzeit erzielen. Der Materialabtrag kann nicht vollständig durch eine lineare Gleichung beschrieben werden [Luo04]. In der Praxis gilt dies nur für einen definierten Parameterbereich. Durch die komplexen Wechselwirkungsvorgänge in der Politur ist der Einsatz von optimierten Parametersätzen, die einen Großteil der Prozessparameter berücksichtigen, nach derzeitigem Stand der Technik, nur empirisch möglich. Das Modell wurde u. a. aus diesem Grund von verschiedenen Autoren erweitert [Mau98, Wrs99].

Deterministische Modelle auf Werkstückgröße kommen aus der Politur von Wafern mit bereits aufgebrachten Leiterbahnen. Letztere sind weicher als das Wafersubstrat und nicht gleichmäßig auf der Oberfläche verteilt. Daher kommt es zu einem schwankenden Materialabtrag über die Werkstückoberfläche verteilt [Lai02]. In der Politur wird durch dieses Modell die Beseitigung von Oxidschichten erklärt [Lee02]. Glaskeramiken mit feinverteilten Glaskristallen in der Glasmatrix spielen, trotz der unterschiedlichen Härten der verschiedenen Phasen, keine bekannte Rolle. Gründe hierfür dürften die disperse Verteilung der Kristalle im Werkstück und die geringen Kristallgrößen sein. Bei den LAS-Glaskeramiken, die eine wichtige Rolle in der Optik spielen, haben die Mischkristalle einen kontinuierlichen Verlauf. Dieser ist abhängig vom teilweise kristallisierten Rohblock und verläuft von innen nach außen, wobei außen eine glasähnliche Struktur vorliegt [Bac95].

Den Polierprozess beeinflusst eine Vielzahl an verschiedenen Prozessparametern. Je nach Prozessbereich und je nach Veröffentlichung variierten die betrachteten

Hauptprozessparameter. Tabelle 3-3 gibt einen Überblick über die wichtigen Prozesseinflüsse in der Glaspolitur.

Tabelle 3-3: Hauptprozessparameter in der Literatur

Autor	Hauptprozessparameter	Quelle
Kaller	Werkstückoberfläche, Poliermittel, Poliermittelträger, Suspension	[Kal83]
Evans	Viele verschiedene Parameter, unterteilt in die übergeordnete Elemente: Polierwerkzeug, Werkstück, Polierflüssigkeit, Polierkorn	[Eva03]
Luo	pH-Wert, Oxidationsmittelkonzentration, Poliermittelgröße und Größenverteilung, Poliermittelgeometrie, Werkstück und Poliermitteltemperatur, Polierpadgeometrie und -material	[Luo04]
Schubert	u. a. pH-Wert, Normalkraft, Poliermittelgröße und Größenverteilung, Poliermittelgeometrie, Werkstück und Poliermitteltemperatur, Polierpadgeometrie und -material, Maschinenkinematik	[Sch15b]
Klocke	u. a. Druck, Werkstückeigenschaften, Konzentration Poliersuspension, Viskosität, Vibrationen, Polierpadgeometrie und -material, Korngröße	[Klo18]

Abbildung 3-2 zeigt die Parameter in der Roboter-Glas-Politur, welche einen Einfluss auf den betrachteten Polierprozess der vorliegenden Arbeit haben. Das Ishikawa-Diagramm beinhaltet vorrangig die regelbaren Prozessparameter. Ein vollständiges Ishikawa-Diagramm der Haupteinflüsse findet sich im Anhang. GHOSH hat ein ähnliches Ishikawa-Diagramm für das Schleifen von Glas erstellt [Gho18].

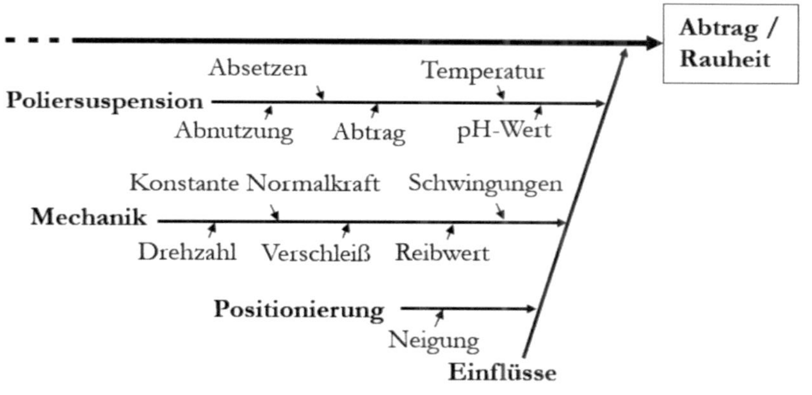

Abbildung 3-2: Ishikawa-Diagramm der Hauptprozesseinflüsse

3.2 Poliermittelträger und Poliermittel
Polishing tool and polishing slurry

Polierflüssigkeit und Poliermittelträger sind wesentliche Faktoren für die erzielbare Rauheit und den erzielbaren Abtrag. Das Polieren mit Polyurethan-Schäumen als Poliermittelträger und Ceriumoxid in wässriger Suspension als Polierflüssigkeit hat sich in der Industrie als Standard etabliert.

Die Poliersuspension muss die Kontaktfläche zwischen Polierwerkzeug und Glasoptik vollständig benetzen. Somit liegt die gesamte Kraft auf den abrasiven Polierkörnern und das Polierwerkzeug hat keinen direkten Kontakt mit der Glasoberfläche. Das Polierwerkzeug besteht üblicherweise aus einem Polierwerkzeughalter, einem Elastomer und der Polierfolie. Das Elastomer dient zur Kompensation von Unebenheiten auf der Glasoberfläche. Als Polierbeläge bzw. Polierfolie kommen natürliche, sowie künstliche Materialien, wie z. B. Peche, Filze, Baumwolle, Polyurethanschäume oder Polyesterfasern zum Einsatz. Diese sind in verschiedenen Härtegraden und mit verschiedenen Füllmaterialien verfügbar. Eine detaillierte Untersuchung des Einflusses des Poliermittelträgers auf das Polierverhalten findet sich in WÄCHTER [Wäc18]. Der Poliermittelträger sollte weich genug sein, damit sich die einzelnen Abrasivkörner teilweise einbetten können und gleichzeitig hart genug sein, damit der Polierdruck übertragen werden kann [Izu86]. Zusätzlich sollte das Polierwerkzeug weich genug sein, um sich der Geometrie des Werkstücks anzupassen.

Die Polierfolie erfährt einen Abtrag und verschleißt mit der Zeit. Die Abtragsfunktion des Poliermodus (z. B. Polierrad) bildet sich nicht nur im Glaswerkstück, sondern ebenfalls im Polierpad ab.

Die Nutzungsdauer resultiert neben dem Poliermodi, aus der Größe des Pads und den Prozessparametern wie Druck und Relativgeschwindigkeit. Ein abgenutzter, nicht weiter verwendbarer Poliermittelträger ist ca. 10 % dünner als ein Neuer [Byr99]. Die Rauheit der Polierfolie verringert sich während der Politur und wird glänzend, was als »Glazing« bezeichnet wird [Kel16].

Neben der Vielzahl an anderen Prozessparametern verfügt allein das Poliermittel über eine Vielzahl an eigenen unterschiedlichen Parametern, u. a. Dichte, durchschnittlicher Korndurchmesser, Oberflächengröße, kristallographische Struktur oder der sich einstellende pH-Wert bei Anrühren der Suspension mit Wasser. Im Allgemeinem kommen unterschiedliche Polierkörner wie Eisenoxid (bekannt als »Polierrot«, Fe_2O_3) oder Chromoxid (Cr_2O_3) zum Einsatz [Kal83]. Die Eigenschaft der Reibung und damit der Kraftübertragung der Polierkörner wird u. a. durch den heteropolaren Charakter der Ionenbindung bestimmt. Er ist umso stärker ausgeprägt, je größer der Ionenradius der Kationen im Vergleich zum Ionenradius des Sauerstoffs ist. Mit einem Verhältnis der Ionenradien von 0,77 weist Ceriumoxid (CeO_2) die günstigsten Eigenschaften als Poliermittel auf. CeO_2 kristallisiert im Fluoritgitter, dabei bilden Cerium-Ionen ein kubisch flächenzentriertes Gitter, bei dem Sauerstoff-Ionen in den Tetraeder-Lücken liegen [Bra54, Bra57]. Ein Cerium-Ion ist damit von acht Sauerstoff-Ionen und ein Sauerstoff-Ion von vier Cerium-Ionen umgeben.

Die Eigenschaften von Poliermitteln in der Optik werden nach der DIN 58750 geprüft, das sind wie folgt Korngrößenverteilung, Stampfvolumen, Suspensionsdichte, Sinkgeschwindigkeit, Zetapotential, chemische Zusammensetzung und der pH-Wert [DIN13]. Weitere wichtige Kenngrößen wie die Härte oder Scherfestigkeit des Poliermittels werden nicht berücksichtigt. Die Härte von makroskopische Körner kann nur theoretisch an Gittermodellen berechnet werden. Die Härte bezeichnet den Widerstand des Polierkorns gegen das vertikale Eindringen eines anderen Stoffes. Da dieser Lastfall in der Politur nicht auftritt, wäre eine Aussage über die ebenfalls nur theoretisch zu bestimmende Scherfestigkeit der Polierkörner sinnvoller. Die gewünschte Härte des Poliermittels kann über die Brenntemperatur auf einen bestimmten Wert optimiert werden. Die Abtragsrate des Poliermittels ist proportional zur Härte des Poliermittels und erreicht eine maximale Abtragsrate bei einer Härte von 6,5 Mohs [Eva03]. Glas hat üblicherweise eine Härte zwischen 5 und 6 Mohs. Die in dieser Arbeit verwendete und später näher erläuterte Zerodur-Glaskeramik hat durch ihre chemischen bzw. physikalischen Eigenschaften mit einer Härte von 620 auf der Knoop-Skala (entspricht 6 – 7 Mohsskala) nach ISO 9385 eine vergleichsweise höhere Härte als Kieselglas [Sch15a].

Die Poliereigenschaften und die Härte des Poliermittels hängen maßgeblich vom Herstellungsprozess ab. Wird ein Poliermittel zu stark erhitzt, ist es für die Politur zu hart und verursacht Kratzer auf der Glasoptik. Die Brenntemperatur hängt neben dem gewählten Polierverfahren, von dem Herstellungsweg und der Zusammensetzung bzw. Reinheit des Poliermittels ab. Literaturwerte geben einen Brenntemperaturbereich für Ceriumoxid von 880 bis 1350 °C an [Uri47].

Das verwendete CeO_2 Poliermittel hat eine Reinheit von 99 % und eine Korngrößenverteilung mit einem Mittelwert von 1 µm [Sol20]. Als Poliermittel stehen angemischte Konzentrate als Suspension zur Verfügung oder können nach Bedarf angemischt werden.

Im nicht konditionierten Zustand beträgt die im Sedigraphen ermittelte Korngröße 0,5 – 1 µm für die Hälfte (50 %) der Polierkörner [Sol20]. Damit handelt es sich bei der vorliegenden Poliersuspension um eine kolloidale Flüssigkeit. Die Polierkörner agieren als hydrophobe Kolloide und bilden eine disperse Phase in einem Trägermedium. Das System ist thermodynamisch instabil. An der Grenzfläche der dispersen Teilchen bilden sich elektrochemische Doppelschichten. Elektrokinetische Phänomene, wie das Sedimentationspotential, beruhen auf Vorhandensein von diffusen elektrochemischen Doppelschichten. Die Dispersionskolloide tragen an ihrer Oberfläche Ladungen, die für deren Stabilität verantwortlich sind. Geladene Dispersionskolloide sedimentieren im Schwerefeld oder verstärken dieses und bilden das Sedimentationspotential aus [Dör94]. Der Poliersuspension können u. a. Additive wie Dispersionsmittel, Oxidationsmittel, pH-Pufferlösungen, Komplexbildner, Fungizide, antimikrobielle Wirkstoffe oder Tenside hinzugefügt werden. Diese haben einen bedeutenden Einfluss auf das Polierergebnis und der Stabilität der Polierflüssigkeit [Lia18]. Eine stabile Polierflüssigkeit zeichnet sich durch zeitlich konstante Bedingungen während der Politur aus: sie verfügt über eine gleichmäßige Verteilung der Polierkörner ohne Absetzverhalten oder Agglomeration. Die DLVO-Theorie, benannt nach den Forschern DERJAGUIN, LANDAU, VERWEY, OVERBEEK, ist eine theoretische Betrachtung der Stabilität kolloider Systeme und beruht auf den zwischenmolekularen

Wechselwirkungskräften. Sie geht davon aus, dass es zu Agglomeraten kommt, wenn bei den interpartikulären Wechselwirkungen die Anziehungskraft der einzelnen Teilchen größer als die Abstoßung der diffusen Doppelschicht ist. Die Partikelladungen tragen damit zur Stabilität der Poliersuspension bei und sind unter anderem abhängig vom pH-Wert. Durch Vorkonditionierung wird die Dispersion in einen stabilen pH-Bereich gebracht, in welchem es keine signifikanten Änderungen des Potentials über eine großen Zeitbereich gibt und die Polierkörner werden dabei in einem ersten Prozessschritt zerkleinert. Um gute Polierergebnisse zu liefern, erfordert die Poliersuspension eine gewisse Menge an gelösten Stoffen, die abhängig vom zu polierenden Glas sind [Bec08b]. Abgetragene Glaspartikel und gelöste Glasbestandteile tragen dabei entscheidend zum Verhalten einer vorkonditionierten Poliersuspension bei. Abbildung 3-3 zeigt das Versuchsergebnis eines 8 h-Vergleichs eines neuen Poliermittels mit schwankendem pH-Wert und dem eines Poliermittels mit vorkonditionierter Polierflüssigkeit mit einem stabilen pH-Wert.

Neue Polierflüssigkeit und nach 8 h konditioniertes Poliermittel wurde mittels Atomabsorptionsspektroskopie (AAS) auf die Bestandteile Lithium, Natrium und Kalium untersucht. AAS ist ein Analyseverfahren der Atomspektroskopie, das in der analytischen Chemie als Methode zur quantitativen und qualitativen Analyse von Elementen in wässriger Lösung verwendet wird [Bec08a].

Tabelle 3-4 gibt die vorhandene Menge für die drei Elemente in einer neuen und einer konditionierten Poliersuspension an. Nach Gebrauch lagert der pH-Sensor in Kaliumchlorid und bei unsachgemäßem Gebrauch wird der Kaliumgehalt in der Poliersuspension erhöht. Daher eignet sich der Kaliumgehalt der Poliersuspension nicht für Aussagen über den geleisteten Materialabtrag. Für das Vorkonditionieren wurde eine geschliffene Zerodur-Glaskeramik (*siehe Kapitel:* Glaswerkstoff – Werkstoffeigenschaften und prozessrelevantes Verhalten) verwendet. In den 8 h des vorkonditionierens wurden 156 mg der Glaskeramik abgetragen, das entspricht einem Zylinder mit einem Durchmesser von 90 mm und einer Höhe von 62 µm. Als Grundlage für diese Berechnung diente der ermittelte Lithiumwert und die Zusammensetzung von Zerodur, ohne Berücksichtigung des Absetzverhaltens von Poliermittel, dem Verdunsten von Wasser und von weiteren Prozesseinflüsse.

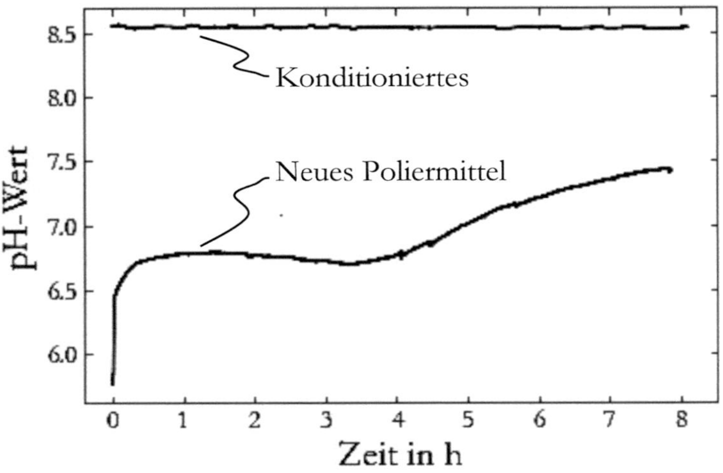

Abbildung 3-3: Verhalten einer vorkonditionierten im Vergleich zu einer frisch angemischten Poliersuspension

Tabelle 3-4: Menge an Lithium, Natrium und Kalium in einer neu angerührten und einer 8 h konditionierten Polierflüssigkeit

	Lithium [mg/kg]	Natrium [mg/kg]	Kalium [mg/kg]
0 h Politur	0,02	1,31	5,89
8 h Politur	3,90	1,46	3,98

Als Polierflüssigkeit kommt neben destilliertem Wasser u. a. auch Öl zum Einsatz, was jedoch die Reibung und damit den Abtrag reduziert. Das Suspensionsmittel ist zusätzlich für den Wärmetransport aus dem Polierspalt verantwortlich. Wasser als Trägermedium nimmt durch seine Selbstdissoziation an den chemischen Reaktionen teil.

Übersteigt der Anteil der Polierkörner in der Polierflüssigkeit 20 Gew.% bilden sich Agglomerate in der Poliersuspension und die Abtragsrate nimmt ab [Fu01]. Für die Polierversuche dieser Arbeit wird eine wässrige Poliersuspension mit einer Mischdichte von 1,052 g/cm³ (Festkörperanteil: 60 g Polierkörner auf 1 l destilliertes Wasser) verwendet [Kel16]. Die Dichte wird vor der Politur mit einem analogen Aräometer eingestellt.

3.3 Grundsätzliche Wirkmechanismen
Basic mechanisms of interaction

In der Wissenschaft haben sich vier qualitative Wirkmechanismen etabliert. Diese beschreiben die Interaktion des Poliermittels mit dem Werkstück-Werkstoff im Wirkspalt. Verschiedene Autoren entwickelten und erweiterten die Theorien für die Werkstoffe Glas, Keramik und Stahl. Die vier Wirkmechanismen sind die Abtragstheorie, die Fließtheorie, die Reibverschleißtheorie und die chemische Hypothese. Wissenschaftliche Entwicklungen und ausführliche Diskussionen werden in den Dissertationen von BECKER [Bec11], DAMBON [Dam05] und HAMBÜCKER [Ham01] dargelegt. Die schematischen Darstellungen der vier Hypothesen zeigt Abbildung 3-4.

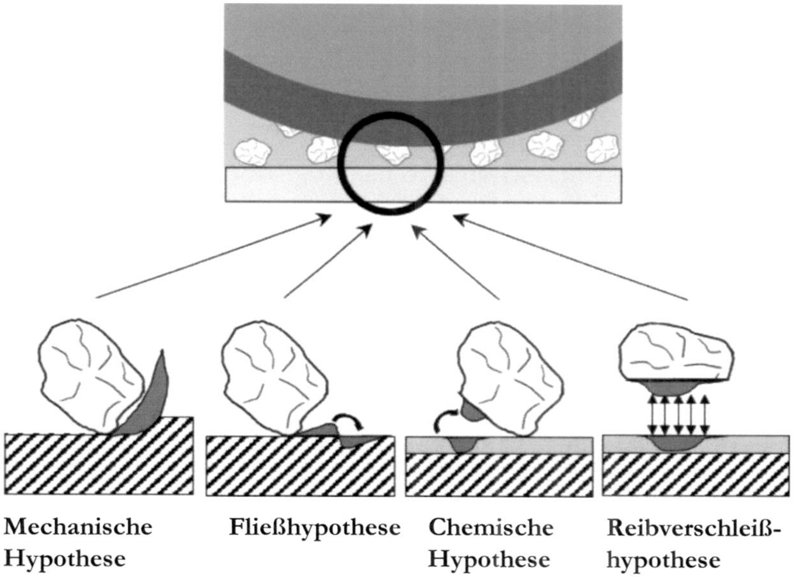

Abbildung 3-4: Schematische Darstellung der vier Abtragshypothesen

Die **mechanische Hypothese** ist die älteste Abtragshypothese und stammt aus dem 17. Jahrhundert ursprünglich von SIR ISAAC NEWTON [New10]. Newton stellte 1687 in seinem Werk »Philosophiae Naturalis Principia Mathematica« den Zusammenhang zwischen bewegten Körpern und Reibung dar. Mit steigender Normalkraft steigt damit auch die Reibungskraft und damit das benötigte Drehmoment des Polierpads. Die Theorie geht von einem rein mechanischen, abrasiven Wirkmechanismus aus. Die einzelnen Polierkörner agieren als Einzelschneiden und erzeugen feine Riefen auf der Oberfläche. Durch die feine

Körnung und dem damit verbundenen geringen Abtrag gegenüber den Vorprozessen, wird die Oberflächenrauheit reduziert. Die Politur wird als Fortsetzung eines feinen Schleifprozesses betrachtet. Der Nachweis für diesen Wirkmechanismus sind Kratzer auf der Glasoberfläche nach dem Bearbeiten. Die damit verbundenen mechanischen Schädigungen der Oberfläche müssen für Feinstbearbeitungen vermieden werden. Eine Einteilung des Polierprozesses in die DIN 8589-15 impliziert einen rein spanenden Abtrag, der vorrangig bei Nicht-Gläsern und -Keramiken Anwendung findet. Dieser Abtragsform widerspricht die geringere Härte des Poliermittels gegenüber dem Glas [DIN03]. Der mechanische Abtrag setzt voraus, dass die Polierkörner härter sind als das zu polierende Glas.

Ein weiterer mechanischer und weniger beachteter Abtrag ist die sogenannte »SLURRY EROSION«. Dispergierte abrasive Körner in der Polierflüssigkeit und deren relative Bewegung zur Werkstückoberfläche tragen zum spanenden Materialabtrag bei. Als einer der ersten Autoren beschrieb FINNIE das Verhalten 1960 [Fin60]. Ausschlaggebend für den Materialabtrag sind dabei die Scherkräfte und das weiter Aushöhlen bereits vorhandener Vertiefungen. Diese Art der Abtrages wird gezielt beim FLUID JET POLIEREN [Fäh98] oder dem ELASTIC EMISSION POLIEREN [Bea14] angewandt. Im betrachteten herkömmlichen Radpolierprozess verteilen Düsen das Poliermittel auf das Werkstück, wodurch die einzelnen Polierkörner über eine zusätzliche Relativgeschwindigkeit zur Glasoberfläche verfügen. Haben die Düsen in den Versuchen eine unterschiedliche Stahlrichtung und/oder wird der Poliermitteldruck verändert, variiert auch der Materialabtrag. Im Vergleich zu den

Abtrags-Arten spielt dieser in der Glaspolitur mit Polierfolie eine untergeordnete Rolle.

Die **Fließhypothese** unterscheidet sich von dem Wirkmechanismus des Schleifens: plastische Stoffverschiebung resultiert aus lokal auftretenden Druck- und Temperaturspitzen. Die chemisch veränderte Randzone beim Glaspolieren ermöglicht das Fließen unter Druck bei niedrigen Temperaturen. BEILBY [Bei04, Bei22] stellte diese Hypothese für kristalline Materialien auf und die Hypothese wurde durch KLEMM UND SMEKAL [Kle41] auf den Werkstoff Glas übertragen und weiterentwickelt. Entgegenstehende Theorien gehen jedoch von einer rein elastischen Verformung aus [Bli19].

Die **Reibverschleißhypothese** geht auf KALLER zurück [Kal56]. Durch die mechanische Beanspruchung des Poliermittels wird dieses zerkleinert und legt Fehlstellen der realen Gitterstruktur frei. Die an der Bruchfläche des Korns freiliegenden Gitterdefekte treten in eine Festkörperreaktion mit Molekülen der Glasoberfläche. Durch das Bewegen des Polierwerkzeuges und der Festkörperbindung wird Glas aus der Glasmatrix abgetragen. Kommt das abgetragene Glas in Kontakt mit der wässrigen Lösung, wird es gelöst und das Polierkorn kann durch weitere Zerkleinerung erneut Gitterfehler freisetzen. Kommen die Fehlstellen in Kontakt mit Wasser, werden diese durch Ionen der Suspension unbrauchbar gemacht [Kal00]. Wie bei der chemischen Hypothese hängt diese Abtragsform von einer oberflächlichen Gelschicht des Glases ab. Deren Dicke ist abhängig vom pH-Wert, der Einwirkdauer und der Zusammensetzung der Suspension und beträgt zwischen 1 – 35 nm [Kal56, Bli19]. Die Grundvoraussetzung für diese Hypothese ist, dass das Poliermittel eine geringere Härte als das zu polierende Glas aufweist. Diese

Hypothese wurde von verschiedenen Autoren aufgegriffen bzw. weiterentwickelt. COOK geht von einem ähnlichen Abtragsmechanismus aus, jedoch sind hier nicht die freigelegten Fehlstellen verantwortlich, vielmehr ist die Fähigkeit des Ionenaustausches des Polierkorns mit der Glasoberfläche der maßgebende Wirkmechanismus [Coo90].

Nachfolgend wird der Stand der Erkenntnis hinsichtlich der **chemischen Hypothese** ausschließlich für reines Kieselglas dargestellt. Bei Mehrkomponentengläsern kann sich der pH-Wert durch selektive Auslaugung von Netzwerkwandlern so verschieben, dass sich die Löslichkeit von Si-$(OH)_4$ signifikant erhöht. Der exakte Wirkmechanismus der Politur von optischen Gläser mit einer wässrigen Suspension und dem Poliermittel Ceroxid wird kontrovers diskutiert. Grundsätzlich treten zwei chemische Interaktionen auf: die chemische Auflösung von Glas und die Bildung einer weicheren Randzone durch interstitielle Wassereinlagerung, die sich dann durch einen geringen mechanischen Energieeintrag abtragen lässt [Bak46]. Die Reaktionen und die gelösten Bestandteile hängen von der Zusammensetzung des Glases und der Poliersuspension ab. Die Hypothese mit der Wassereinlagerung besteht für Glas [Bli19], Keramik [Zun11] und für Metalle [Dam05].

Siliziumdioxid löst sich direkt in Wasser auf und wurde u. a. von DUNKEN [Dun90] nachgewiesen, was zuvor als chemische Hypothese von GREBENSCHTSCHIKOW aufgestellt wurde [Gre35]. Bei Kontakt mit Wasser reagiert die oberste Schicht der Quarzglas-Oberfläche nach der Reaktionsgleichung Gl. 3-2.

$$\equiv Si - O - Si \equiv + H_2O \rightleftharpoons \equiv Si - OH + HO - Si \equiv \qquad \text{Gl. 3-2}$$

Die einzelnen Komponenten der Glaszusammensetzung reagieren mit dem Trägermedium Wasser, mit den abgetragenen Glasbestandteilen und dem Polierkorn Ceriumoxid. Wasser dissoziiert in Hydronium- und Hydroxyl-Ionen:

$$2\,H_2O \rightleftharpoons H_3O^+ + OH^- \qquad \text{Gl. 3-3}$$

Durch das freiwerdende OH^--Ion kann das Glasnetzwerk weiter abgebaut und u.a. Kieselsäure $Si\text{-}(OH)_4$ je nach pH-Wert in der Poliersuspension gelöst werden. Durch Rekondensation wird Wasser in die oberste Materialschicht eingelagert, wie in den Gleichungen 3-4 bis 3-5 dargestellt. Die entstehende weiche Gelschicht wird anschließend, nach dem Modell der chemischen Hypothese, mechanisch abgetragen. In der Gleichung 3-6 ist die Pufferung (Verringerung von H_3O^+) dargestellt.

$$\equiv Si - O - Si \equiv + OH^- \rightleftharpoons \equiv Si - OH + O^- - Si \equiv$$

$$\equiv Si - O^- + H_2O \rightleftharpoons \equiv Si - OH + OH^- \qquad \text{Gl. 3-4}$$

$$2 \equiv Si - OH \rightleftharpoons \equiv Si - O - Si \equiv + H_2O \qquad \text{Gl. 3-5}$$

$$2 \equiv Si - O^- + H_3O^+ \rightleftharpoons \equiv Si - OH + H_2O \qquad \text{Gl. 3-6}$$

Gemäß der Reibverschleißhypothese resultiert der Abtrag nicht aus einer chemischen Reaktion, sondern basiert auf eine Festkörperbindung zwischen der Oberfläche und dem Polierkorn. Lokal ist die Bindung zwischen Glas und Polierkorn stärker als die Bindung innerhalb der Glasmatrix. Bei einer Bewegung des Polierkorns wird ein Teil aus dem Glasnetzwerk abgetragen. Ceriumoxid reagiert mit Wasser und Glas in folgender Weise: ist die Bindung stärker als innerhalb des Glases, löst sich das Glasnetzwerk auf bzw. Glaspartikel werden herausgelöst (Gleichungen 3-7 und 3-8). Durch die Aufnahme eines Protons aus der Hydroxylgruppe des Wassers bildet sich eine hydratisierte Gelschicht auf der Glasoberfläche [Coo90].

$$\equiv Si - O^- + \equiv Ce - OH \rightleftharpoons \equiv Si - O - Ce \equiv + OH^- \qquad \text{Gl. 3-7}$$

$$\equiv Si - O^- + \equiv Ce - OH_2^+ \rightleftharpoons \equiv Si - OH + \equiv Ce - OH \qquad \text{Gl. 3-8}$$

Abtrag an und Glätten der Werkstückoberfläche kann durch Rekondensation in einer Vertiefung des Glaswerkstückes von O_n^--Si-$(OH)_{4-n}$-Gruppen die an Ceriumoxid gebunden sind, erklärt werden. Die Rekondensation findet an mehreren Siloxan-Brücken ($H_3Si-[O-SiH_2]_n-O-SiH_3$) statt. An der Reaktion nehmen unterschiedliche Dissoziationsstufen der Kieselsäure teil: $H_3SiO_4^-$, $H_2SiO_4^{2-}$, $H_4(H_2SiO_4)_4^{2-}$, $HSiO_4^{3-}$, $H_6(H_2SiO_4)_4^{4-}$ und SiO_4^{4-}. Ihre jeweilige Konzentration hängt vom pH-Wert der Poliersuspension ab. Entscheidend für das chemische Polieren ist die ähnliche Bindungsenergie für O_n^--Si-$(OH)_{4-n}$ zum Polierkorn und nicht dessen Härte. Bei der Reibverschleiß-Hypothese wird die Abgabe von O_n^--Si-$(OH)_{4-n}$ vom Polierkorn an das Glaswerkstück nicht berücksichtigt [Bec08a].

Zusätzlich tritt zwischen dem Glaswerkstoff und Wasser eine weitere chemische Reaktion auf: die Ionenaustauschreaktion zwischen den Modifikator-Kationen des Glases und H_3O^+-Ionen. Letzteres beschreibt die Auslaugung einzelner Elemente in der Randzone [Min56].

3.4 Eingesetztes Polierverfahren
Polishing method used

Die typische Fertigungskette für Präzisionsoptiken aus Glas vom Rohling bis zum optischen Bauteil ist in Abbildung 3-5 dargestellt. Aufgrund der sprödharten Materialeigenschaften von Glas, werden bei der spanenden Bearbeitung von allem Verfahren mit undefinierten Schneiden eingesetzt. Nach dem Gießen und anschließendem Erstarren oder Pressen des Glases erfolgen mehrere Schleifschritte, um die Kontur der Optik zu erreichen. In mehreren unterschiedlichen Polierverfahren wird die Endrauheit und Formpasse erreicht. Bei der Korrekturpolitur wird die Form vor und nach dem Polieren gemessen und ggf. auf Grundlage dieser Messdaten eine erneute verweilzeit-gesteuerte Polierbahn erstellt. Dies kann in mehreren Polierschritten iterativ erfolgen. Anschließend werden Spiegel mit ihrer reflektiven Schicht und zusätzlichen Schutzschichten versehen. Präzisionsoptiken erhalten Antireflektions- und Schutzschichten.

Etablierte Verfahren für die Formkorrektur sind u. a. das konventionelle Polieren, das Ionenstrahlpolieren (IBF) und das Magneto-Rheologische Polieren (MRF). Für das konventionelle Polieren auf Basis des chemo-mechanischen Wirkmechanismus liegt eine Vielzahl an Maschinenkonzepten vor. Das Polieren von Glas mit Robotern fand zu Beginn Anwendung bei großen astronomischen Spiegeln. Ein Sechs-Achs-Industrieroboter ist, im Vergleich zu einem CNC-Bearbeitungszentrum, ein kostengünstiges Positioniersystem. Der Arbeitsraum des Roboters kann durch zusätzliche Achsen nahezu beliebig vergrößert werden und durch die Freiheitsgrade eignet sich der Roboter für Freiformflächen.

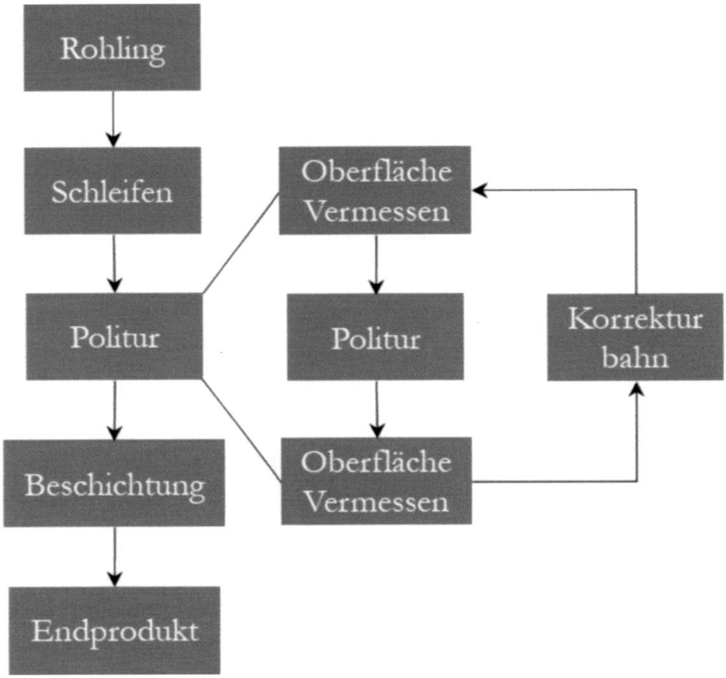

Abbildung 3-5: Typische Fertigungskette einer Optik

Roboterpolitur findet Anwendung in den Firmen SAFRAN (früher *Sagem*) [Gey02] und ZEISS SEMICONDUCTOR TECHNOLOGIES [Sie02]. Für kleinere Optiken stehen kommerzielle Fertigungsmaschinen zur Verfügung [Gol99, Che14]. Die Firma COHERENT (früher TINSLEY*)* nutzt einen Portalkranansatz als Poliermaschine [Kii06]. Die Maschinen IRP (Intelligent Robotic Polishers) der Firma ZEEKO verfügen über acht Freiheitsgerade und werden in der CCP bis zu einer Rauheit von 0,2 – 0,3 Å bei einer Formabweichung von $\lambda/20$ der Wellenlänge verwendet [Zee21].

Als Bewegungssystem dieses Forschungsvorhaben dient ein ABB IRB (Industrial Robot) 4400 mit einer S4C+ Steuerung. Am Roboter ist ein Polierkopf befestigt, der über einen Rotationsmotor für die Drehbewegung und einen linearen Antrieb (pneumatisch oder elektrisch) für den Z-Hub verfügt. Um Vibrationen zu minimieren ist der Polierkopf auf Steifigkeit optimiert und auf eine möglichst geringe Schwungmasse gewichtsoptimiert. Während ein pneumatischer Hubzylinder bei einer Drehzahl von 1.000 min^{-1} etwa alle 16 Umdrehungen nachregelt, wird bei einem elektrischen Direktantrieb alle 0,27 Umdrehungen nachgeregelt. Für die Normalbewegung des linearen Antriebs kommen hochdynamische Linearlager zum Einsatz. Das Polierwerkzeug besteht aus einem Werkstückträger, einem Elastomer zum Höhenausgleich und der Polierfolie. Die Roboterzelle ist mit einem Schutzkäfig umhaust. Vor dem Roboter ist eine Polierwanne befestigt, über der die Glasoptik gehalten wird. Die Polierwanne sammelt das Poliermittel und führt dieses zurück in den Poliermittelbehälter. Dieser verfügt über ein Rührwerk, um das Absetzen des Poliermittels zu verhindern. Eine Schlauchpumpe führt die Poliersuspension zum Polierkopf zurück und versorgt den Prozess mit Poliermittel. Vor der Düse am Polierkopf und vor dem Reservoir wird die Poliersuspension auf Schmutzpartikel gefiltert. Der Aufbau ist schematisch in Abbildung 3-6 dargestellt.

Es wurden Versuche mit drei Polierköpfen durchgeführt: zwei, für den Sensoreinsatz optimierte, neu hergestellte Polierköpfe und einen industriell angepassten Polierkopf. Beim ersten Polierkopf ging es primär um die Anbringung von Sensoren als

Machbarkeitsstudie. In einem zweiten Schritt wurde ein optimierter Polierkopf mit Sensoren aufgebaut. Dabei wurden wenig aussagekräftige Sensoren weggelassen, sowie die Dynamik, die Mechanische- und Prozess-Stabilität erhöht. In einem weiteren Schritt wurde ein industrieller Polierkopf mit Sensoren ausgestattet. Falls nicht anders angegeben, wurden alle gewonnenen Erkenntnisse mit dem Polierkopf II, dem optimierten Machine learning Polierkopf, generiert. Die drei Polierköpfe werden vergleichend in Tabelle 3-5 beschrieben.

Tabelle 3-5: Übersicht über die aufgebauten und verwendeten Polierköpfe

<table>
<tr><th rowspan="2">Bezeichnung</th><th colspan="3">Polierkopf</th></tr>
<tr><th>I</th><th>II</th><th>Industriell angepasst</th></tr>
<tr><td rowspan="11">Sensoren</td><td colspan="3">Motorstrom</td></tr>
<tr><td colspan="3">Motorspannung</td></tr>
<tr><td colspan="3">Beschleunigungssensor</td></tr>
<tr><td colspan="2">Motordrehzahl</td><td>Hubsensor</td></tr>
<tr><td colspan="2">Normalkraft</td><td>pneum. Druck</td></tr>
<tr><td colspan="2">Neigung x-Achse</td><td rowspan="3"></td></tr>
<tr><td colspan="2">Neigung y-Achse</td></tr>
<tr><td colspan="2">pH-Sensor</td></tr>
<tr><td>Drehzahl</td><td colspan="2">Motortemperatur</td></tr>
<tr><td>Fluid-temperatur</td><td>Fluid-temperatur (2x)</td><td rowspan="2"></td></tr>
<tr><td>Drehmoment</td><td>Dichtesensor</td></tr>
<tr><td rowspan="2">Besonderheiten</td><td rowspan="2">kann auf die Abtragsmodi Polierrad, Exzenter und drehendes Polierpad umgerüstet werden + Keramikkugel-lager</td><td>Direktantrieb</td><td rowspan="2"></td></tr>
<tr><td>Keramikkugel-lager</td></tr>
<tr><td>Abtragsmodus</td><td>Polierrad Zylinder</td><td>Polierrad Kugelausschnitt</td><td>Exzenter</td></tr>
<tr><td>Verwendung</td><td>Machine learning Planproben</td><td>Machine learning konkave Proben</td><td>Prädiktive Instandhaltung</td></tr>
</table>

Um eine möglichst geringe Prozessdivergenz zu erzielen, wurden bei den Laborpolierköpfen Keramikkugellager verwendet. Diese verunreinigen die Poliersuspension nicht durch Rost und sind unempfindlicher gegenüber Poliermittel im Lager, das die Kugellagerlauffläche schädigen bzw. ihnen zusetzen kann. Die Polierköpfe werden mit pneumatischen Schnellwechselsystemen am Roboterflansch befestigt [Sch20]. Dadurch können die Köpfe beliebig ausgetauscht werden, ohne dass die Polierköpfe neu kalibriert und eingemessen werden müssen. Das Wechselsystem hat eine Wiederholgenauigkeit von 15,2 µm (xyz) [Sch20]. Um menschliche Fehler zu minimieren, erfolgt die statistische Datenauswertung vollkommen automatisch. Zur Unterstützung des Maschinenbedieners verfügt der Polierkopf über einen Sprachassistenten.

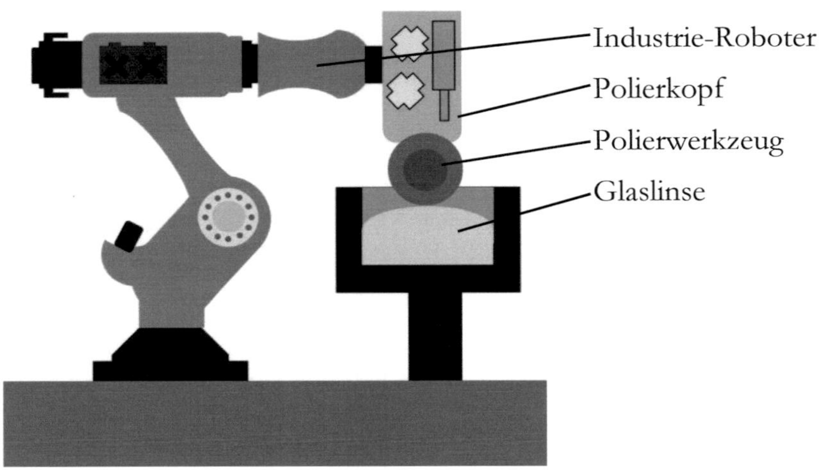

Abbildung 3-6: Schematische Darstellung der Roboterzelle

Je nach verwendetem Polierwerkzeug variiert die Abtragsfunktion auf der Glasoberfläche. Die Abtragsfunktion ist vorrangig eine Funktion der Relativgeschwindigkeit und des Polierdrucks. Zur Ermittlung der Abtragsfunktion werden in einem ersten Schritt Spotversuche gefahren. Dabei wird der Polierkopf auf eine statische Position auf eine Planprobe für eine definierte Zeit gefahren. Die dabei entstandenen typischen Abtragsformen werden optisch vermessen und können in weiteren Schritten zum Berechnen von Verweilzeiten bzw. eines zukünftigen gewünschten Abtrags oder zur Analyse von Bahnspuren genutzt werden [Dra13]. Mithilfe dieser Funktionen lässt sich der Abtrag auf der Linse berechnen [Hay84]. ASPEN beschreibt einen Ansatz variabler Abtragsfunktionen im laufenden Prozess [Asp72]. Große Abtragsfunktionen eignen sich für die Beseitigung in Vorprozessen entstandener Schädigungen. Kleine Abtragsfunktionen eignen sich hingegen für die Korrektur von Oberflächenabweichungen. Tabelle 3-6 zeigt die typischen Abtragsfunktionen für ein Polierrad mit einem Kugelausschnitt, mit einem zylindrischen Polierwerkzeug und einem Exzenter. In den Abbildungen der schematischen Darstellung sind die dunkelgrauen Flächen in Kontakt mit der Glasoberfläche bzw. mit der Poliersuspension. Die Abtragsfunktion beschreibt die Geometrie, als 2D-Schnitt dargestellt, die in die Glasoberfläche poliert wird. Daraus kann der Spotdurchmesser (Spot: *dt.* Stelle) messtechnisch vermessen werden. Je nach Dauer und Prozessparameter variiert der Spotdurchmesser und der Materialabtrag.

Wie in der Abtragsfunktion des Exzenters ersichtlich, ist bei diesem Poliermodus die Relativgeschwindigkeit über einen definierten Bereich auf dem Polierpad identisch. Beim Exzenter bleibt die Orientierung des Polierwerkzeuges während der Drehbewegung gleich. Die Polierräder verfügen, unabhängig ob als Kugelausschnitt oder als Zylinder, über eine einfache mathematische Beschreibung der Abtragsfunktion. Daher eignen diese sich für die Korrekturpolitur. Sie haben darüber hinaus, abhängig von ihrem Durchmesser, eine etwa 9-fach größere Wirkfläche gegenüber Exzenterpads gleicher Baugröße. Durch das kugelförmige Werkzeug wird eine punktförmige Wirkfläche erzeugt. Durch Anpressen des Polierrades auf die Glasoberfläche und der damit verbundenen Veränderung der Kontaktfläche, kann die Spotgröße justiert werden. Im Gegensatz zu den anderen Polierwerkzeugen, erzeugen Polierräder Strukturen radial in Drehrichtung auf der Glasoberfläche und sind dadurch im Nachteil. In den vorliegenden Versuchen verfügt der Polierkopf über alle drei Poliermodi, aufgrund seiner Vorteile wird aber ausschließlich das Kugelwerkzeug verwendet.

Tabelle 3-6: Abtragsfunktion der Poliermodi Polierrad und Exzenter

Abtrags-art	Schematische Darstellung Polier-werkzeug	Spotform	Abtragsfunktion
Polierrad mit Kugelaus-schnitt	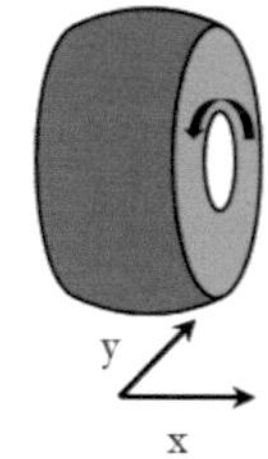	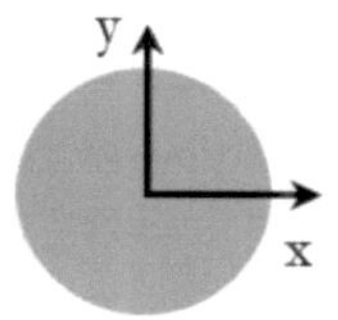	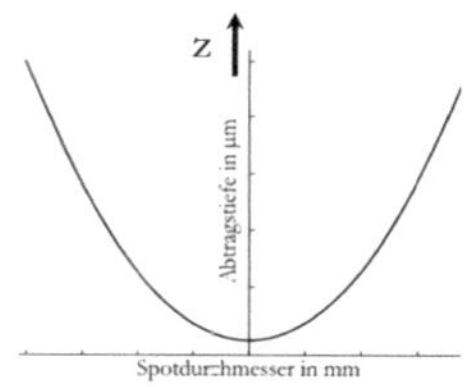
Zylind-risches Polierrad	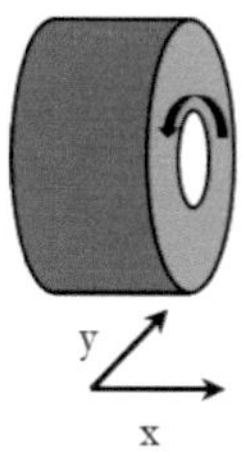	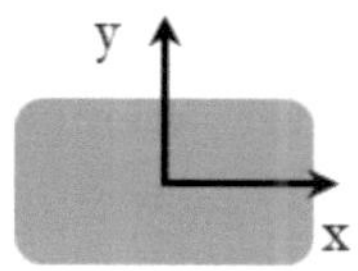	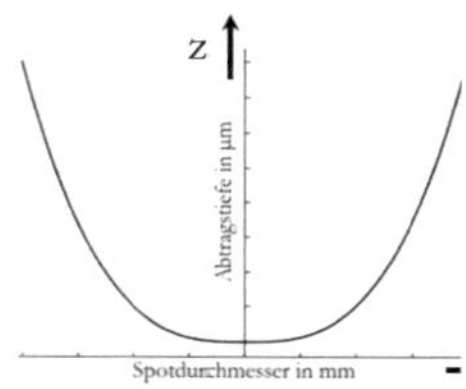
Exzenter	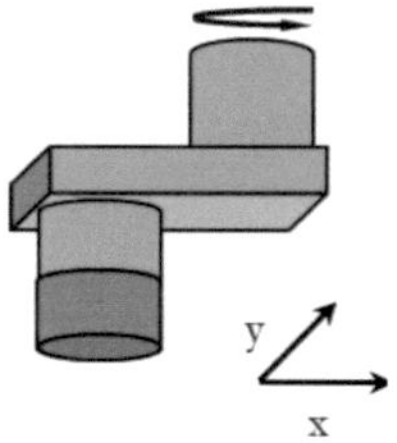	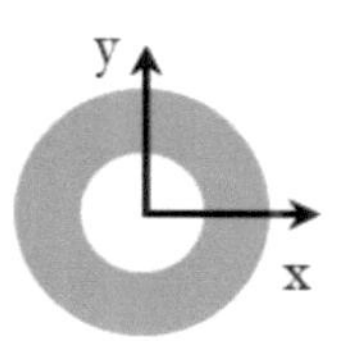	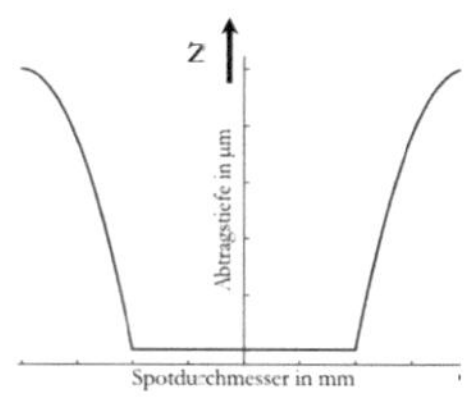

3.5 Glaswerkstoff – Werkstoffeigenschaften und prozessrelevantes Verhalten

Glass material - material properties and process-relevant behaviour

Einer der ältesten Werkstoffe der Menschheit ist Glas: Es wird seit 3.000 – 2.000 v. Chr. verwendet, es gibt jedoch Vermutungen und Entdeckungen, die für eine frühere, aber unbeabsichtigte Nutzung von Glas sprechen. Die ersten genutzten Gläser waren nicht transparent und wurden für Gefäße oder als Schmuck verwendet. Erst im 18. Jahrhundert gelang es, größere und homogene Glaswerkstücke herzustellen [Mac02]. Aufgrund seiner einzigartigen Eigenschaften wird Glas heute in zahlreichen Anwendungen eingesetzt. Glas hat beispielsweise eine ähnliche Dichte zu Aluminium und ist nicht elektrisch leitend [Pre42]. Durch eine teilweise Kristallisation verfügen Gläser mit bestimmter Zusammensetzung über einen geringen Wärmeausdehnungskoeffizienten. Deshalb eignet sich Glas als Konstruktionswerkstoff nicht nur für transparente Bauteile, sondern auch für Spiegel und andere Hochleistungswerkstücke. Die wissenschaftliche Definition beschreibt Glas als einen Festkörper mit nichtkristalliner Struktur, die sich bei Erhitzung kontinuierlich in eine Flüssigkeit umwandelt. Damit beschränkt sich VARSHNEYA nicht nur auf Schmelzprodukte, sondern schließt auch Stoffe ein, die Strukturen einer eingefrorenen Flüssigkeit aufweisen [Var19]. Nach DIN 1259-1 wird Glas als anorganisches, nichtmetallisches Schmelzprodukt definiert, das im Wesentlichen ohne Kristallisation erstarrt [DIN16][1]. Daraus ergibt sich die

---

[1] DIN Norm wurde im Oktober 2020 aufgrund ihres Alters zurückgezogen. Zum Zeitpunkt der Veröffentlichung gab es noch keine neue Norm. Es kann

thermodynamische Definition von Glas als eingefrorene unterkühlte Flüssigkeit [Tam33]. Auf Basis dieser Definition als unterkühlte Flüssigkeit bauten ZACHARIASEN [Zac32] und WARREN [War41] die Netzwerkhypothese auf. Nach dieser sind in einem Kristall die SiO_4-Tetraeder regelmäßig und in einem Glas unregelmäßig verzweigt angeordnet. Bei der Abkühlung entsteht ein räumlich zufallsbedingtes Netzwerk. Die Zusammensetzung ist nicht stöchiometrisch fest definiert, der chemische Aufbau kann jedoch annähernd angegeben werden [Pet90]. Das Fehlen einer Kristallstruktur führt zu einer Isotropie der physikalischen Eigenschaften. Im Unterschied zur regelmäßigen dreidimensionalen Fernordnung in Kristallen, sind in Gläsern nur Nahordnungen vorhanden und die Fernordnung ist gestört. Daher erweichen Gläser allmählich beim Erwärmen und Schmelzen nicht bei einer bestimmten Temperatur, sondern über den sogenannten Transformationsbereich. Es gibt zahlreiche Erweiterungen dieser Theorien [Vog92]. DIETZEL ergänzte die Zachariasen-Warren-Theorie um die Coulombsche Gesetze zur Beschreibung der Wechselwirkungen zwischen Kationen und Anionen im Glas und ermöglicht dadurch eine Beschreibung aller Gläser [Die42]. Die am Glasaufbau beteiligten Oxide werden in die Gruppen Netzwerkbildner, Netzwerkwandler und Zwischenoxide aufgeteilt. Tabelle 3-7 gibt einen Überblick über die Oxide und ihre Einteilung in einer der drei Gruppen. Netzwerkbildner bilden das Grundgerüst des Glases. Netzwerkwandler werden in das gebildete Gerüst eingebaut und trennen die Netzwerkbildende-Brücken. Die bekanntesten Netzwerkwandler sind die basischen Oxide Na_2O, K_2O und CaO. Die Anzahl der Trennstellen ist maßgebend für den

davon ausgegangen werden, dass es beim zitierten Teil, der Erstarrung von Glas, keine nennenswerte neue Forschungsergebnisse gibt.

Erweichungspunkt; je weniger vorhanden sind, desto höher ist der Erweichungspunkt. Anstelle der Atombindung mit dem Netzwerkbildner geht dabei der Sauerstoff eine schwächere Ionenbindung mit dem Alkali-Ion ein. Zwischenoxide sind selbständig nicht zur Glasbildung fähig, können aber als Netzwerkbildner und -wandler fungieren und stabilisieren oder schwächen die Struktur [Vog92].

Tabelle 3-7: Am Glasaufbau beteiligte Oxide nach [Tes13] und [Vog92]

Oxidgruppen	Oxide
Netzwerkbildner	SiO_2, GeO_2, B_2O_3, As_2O_3, P_2O_5
Netzwerkwandler	Na_2O, K_2O, Li_2O, CaO
Zwischenoxide	MgO, ZnO, Mn_2O_3, ZrO_2, BeO, Al_2O_3, Fe_2O_3, TiO_2

Das Glasgemenge setzt sich aus Glasbildner (ca. 70 %), Flussmittel (ca. 20 %) welches die Schmelztemperatur herabsenkt, Stabilisator (ca. 9 %) zur Einstellung mechanischer Eigenschaften und aus weiteren Zusätzen (ca. 1 %) zur Anpassung der optischen Eigenschaften zusammen [Bli19]. Je nach Zusammensetzung unterscheidet man verschiedene Glasarten. Gläser, die durch ihre Zusammensetzung ähnliche Eigenschaften aufweisen oder einem ähnlichen Verwendungszweck dienen, werden einzelnen Glasgruppen zugeordnet. Verschiedene Glassorten werden entsprechend ihrer Polier-Charakteristika in Glasfamilien eingeordnet [Bec08a]. Werden Gläser unterschiedlicher Glasfamilien mit der gleichen Poliersuspension poliert, treten Probleme im Prozess auf z. B. Kratzer [Bec12].

Zusätze wie Al_2O_3 verringern den Wärmeausdehnungskoeffizienten und das Glas wird unempfindlicher gegenüber Temperaturschwankungen [Rie02]. Dieser Effekt kann durch weitere Zusätze und der Umwandlung des Glases in eine Glaskeramik weiter optimiert werden. Bei der Herstellung von Glaskeramik werden in einem weiteren gesteuerten Temperprozess-Schritt, Teile des Glases (durch Entglasung) in eine feinkörnige kristalline Phase umgewandelt.

Für die Versuche dieser Arbeit wird eine Lithium-Aluminium-Silikat-Glaskeramik (LAS) verwendet. Durch die vergleichbar geringe Kristallgröße von ca. 100 nm gegenüber der Lichtwellenlänge, ist die Glaskeramik nicht vollständig transparent [Sto59]. Aufgrund der geringen Transparenz kommen LAS-Gläser vorrangig in Spiegeln und als Konstruktionswerkstoff mit geringem Wärmeausdehnungskoeffizient zum Einsatz. Bei transparenten Optiken kommt ULE-Glas, ein Kieselglas mit einem geringen Anteil an Ti_2O (5 - 10 %), zum Einsatz. Die Ionenfärbung bei LAS-Gläsern verleiht die charakteristische bernsteinfarbene Farbe. Lithium-Aluminium-Silikat-Glas, mit der chemischen Grundformel Li_2O-Al_2O_3-Si_2O, hat einen konstant niedrigen Wärmeausdehnungskoeffizienten (*engl.* CTE: coefficient of thermal expansion) über einen großen Temperaturbereich. Durch den geringen Wärmeausdehnungskoeffizienten und die hohe Festigkeit spielen Glaskeramiken eine entscheidende Rolle in der Herstellung von Astro- und Lithographie-Spiegeln. Die Spiegeldicke kann durch die Verwendung dieses Materials geringer gehalten werden [Bac95, Höl06]. Glaskeramiken auf Basis von LAS wurden 1960 von STOOKEY [Sto59] entdeckt, von verschiedenen Forschern weiterentwickelt [GIL59, Sch61, OST68] und kommen unter verschiedenen Markenbezeichnungen vor u. a.

Sitall (UDSSR), CERAN und ZERODUR (Schott, Deutschland), KERALIT/PYROCERAM-III (Corning, USA), CLEARCERAM (Ohara, Japan). In der vorliegenden Arbeit wird Zerodur als Material für die Proben verwendet. Durch den minimalen thermischen Ausdehnungskoeffizienten kann die Werkstücktemperatur und damit die Ausdehnung des Werkstückes vernachlässigt werden. Zerodur kommt zum Einsatz, wenn ein geringer thermischer Ausdehnungskoeffizient oder eine gleichbleibende Form wichtig ist. So findet es Anwendung als Konstruktionswerkstoff in vielen technischen Hochleistungsanwendungen, wie in der Lithographie [Mei03], hochgenaue Messmaschinen [Jäg10], in der Astronomie [Döh08] oder als Reflektoren für Lasergyroskope [Shi16]. Aufgrund der hohen mechanischen Festigkeit und der chemischen Beständigkeit ist Zerodur ein vergleichsweises schwer zu bearbeitendes Material [Shi16].

Bei der Kristallisation wird β-Spodumen gebildet, welches über einen negativen Wärmeausdehnungskoeffizienten bei steigender Temperatur verfügt [OST68]. Diese Phase ist metastabil und wird beim Erwärmen oder Glühen in eine stabile Hochquarz-Mischkristall-Phase umgewandelt. Durch eine geeignete Wahl des thermischen Einsatzgebietes kann der CTE konstant gehalten werden. Auf dem Li_2O-Al_2O_3-SiO_2 basierend, tragen heute normalerweise bis zu 14 Elemente bei der Herstellung des h-Quarz bei, üblicherweise LiO_2, MgO, ZnO, Al_2O_3, SiO_2 und P_2O_5.

Die restliche Glasphase wird aus den Komponenten Na_2O, K_2O, CaO und dem überschüssigen SiO_2 gebildet. As_2O_3 dient als Läuterungsmittel [Pet91]. Zusätze wie Ti_2O und/oder ZrO_2 dienen der Keimbildung [Sto59]. Tabelle 3-8 gibt einen Überblick über die

Zusammensetzung und der prozentuale Anteil nach dem Zerodur-Datenblatt von Schott und genauere Literaturwerte nach HÖLAND.

Tabelle 3-8: Zusammensetzung Zerodur

Chemische Zusammensetzung	Chemische Formel	Gewichtsanteil (Gew. %)	
		[Sch15a]	[Höl06]
Aluminiumdioxid	Al_2O_3	20 - 30	25,3
Arsentrioxid	As_2O_3	< 1	0,5
Kaliumoxid	K_2O	< 1	0,4
Lithiumoxid	Li_2O	1 - 10	3,4
Magnesiumoxid	MgO	1 - 10	1,0
Phosphoroxid	P_2O_5	1 - 10	6,5
Siliziumdioxid	SiO_2	50 - 60	57,2
Titanoxid	TiO_2	1 - 10	2,3
Zinkoxid	ZnO	1 - 10	1,4
Zirkoniumdioxid	ZrO_2	1 - 10	1,8

3.6 Begriffliche Definition Machine learning
Definition of Machine learning

Nach DIN IEC 60050-351 stellt ein System eine Menge miteinander in Verbindung stehender Elemente dar, die in einem bestimmten Zusammenhang als Ganzes gesehen und von der Umgebung als abgegrenzt betrachtet werden können [DIN14]. Ein komplexes System ist ein System, das über eine Vielzahl an Verbindungen, Wechselwirkungen oder Abhängigkeiten verfügt und das schwierig zu verstehen, zu beschreiben oder zu verändern ist. Eine Separation in die einzelnen Komponenten eines komplexen Systems gelingt nicht, ohne dass wesentliche System-Eigenschaften verloren gehen [Kin10]. Die Verwendung traditioneller Berechnungsmethoden, wie z. B. Linearisierung nichtlinearer Systeme, wird komplexen Systemen nicht gerecht [Bje07]. Der Polierprozess kann als komplexes System betrachtet werden. Charakteristisch dafür ist die hohe Anzahl an Prozessparametern, sowie das geringe Prozessverständnis [Mag04]. Eine Möglichkeit zur Anwendung komplexer Systeme bieten künstliche Intelligenzen (KI, *engl.* Artificial intelligence, AI), ein Teilgebiet der Informatik. Dieser Fachbereich erforscht die Simulation von Verhalten und den Nachbau menschlicher Intelligenz mit Maschinen, wobei Machine hier als Computer definiert sind. Man unterscheidet in der Wissenschaft zwischen verschiedenen Intelligenzen und es gibt daher auch keine eindeutige Definition des Begriffs »Intelligenz« [Woo11]. NEGNEVITSKY definiert Intelligenz als Fähigkeit, Zusammenhänge zu finden, zu lernen und zu verstehen, um Probleme zu lösen sowie Entscheidungen zu treffen [Neg04].

Die Grundidee bei Künstlichen Neuronalen Netzen (Abk. KNN; *engl.* Artificial Neuronal Net. Abk. ANN) ist die Nachbildung biologischer Gehirne. Erstmalig stellten 1943 der Neurophysiologe McCulloch und der Mathematiker Pitts ein vereinfachtes rechnerisches Modell zur Zusammenarbeit mit biologischen Neuronen vor [McC43]. Es gibt keine eindeutige Definition von Neuronalen Netzen, sondern vielmehr bestimmte Paradigmen, die sie beschreiben, wie sie trainiert und eingesetzt werden. Im Jahre 1969 veröffentlichte MINSKY eine genaue Analyse eines einschichtigen neuronalen Netzes und zeigte, dass dieses viele reale Probleme nicht lösen kann [Min72]. Diese fehlerhafte Erkenntnis hemmte die Forschung für viele Jahre und konnte erst 1986 von RUMELHART durch den Einsatz von mehrschichtigen Modellen wiederlegt werden [Rum86]. Die Rechenkapazität hat sich seit 1990 gesteigert, was das Trainieren von neuronalen Netzen in einem sinnvollen, wirtschaftlichen Zeitraum ermöglicht. Darüber hinaus wurden Algorithmen zum Trainieren besser. Heutzutage sind große Datensätze mit mehreren hunderttausenden Einzeldaten zum Trainieren von KNNs vorhanden, was die Popularität und Anwendbarkeit von Machine learning in vielen Bereichen steigert.

Maschinelles Lernen (ML) ist die wissenschaftliche Untersuchung von Algorithmen und statistischen Modellen, die Computersysteme verwenden, um eine bestimmte Aufgabe effektiv auszuführen. Ohne explizite Anweisungen zu verwenden, verlassen sie sich stattdessen auf Muster und Inferenzen. Es wird als eine Teilmenge der künstlichen Intelligenz angesehen [Kro16]. Auf der Grundlage von Beispieldaten, den sogenannten »Trainingsdaten«, bauen Algorithmen des maschinellen Lernens ein mathematisches Modell auf. Sie treffen Vorhersagen oder

Entscheidungen, ohne explizit für diese Ausführung der Aufgabe programmiert zu sein [Neg04]. Darauf basierend, kann das System noch nicht bekannte Beispiele verallgemeinern.

Künstliche Neuronale Netze sind den biologischen neuronalen Netzen der Natur nachempfunden. Sie zeichnen sich durch ihre Assoziations- bzw. Generalisierungsfähigkeit aus. Zum Verständnis der Funktionsweise wird im Folgenden kurz auf die biologischen Neuronen eingegangen. Ein solches Neuron besteht aus einem Zellkern, einem Zellkörper, also den meisten komplexen Bestandteilen einer Zelle, sowie vielen Auswüchsen, den Dendriten, und einem langen Auswuchs, dem Axon. Am Ende teilt sich das Axon in eine Vielzahl an feinen Verästelungen, den sogenannten Telodendria auf. An deren Ende befinden sich feine Strukturen, den sogenannten Synapsen (synaptische Verbindungen), die sehr nahe an den anderen Zellkörpern oder Dendriten liegen, damit sie Signale austauschen können. Das Neuron erzeugt ein elektrisches Signal (Aktionspotential), das entlang des Axons wandert und die Synapsen anregt chemische Signale, den sogenannten Neurotransmitter, zu emittieren. Erhält ein Neuron innerhalb eines bestimmten Zeitintervalls (im Bruchteil von Millisekunden) eine ausreichende Anzahl an Neurotransmittern, liefert das Neuron einen eigenen elektrischen Impuls. Es kommt neben der Anzahl auch auf die Art der Neurotransmitter an: manche hindern das Neuron am Senden eines elektrischen Signals. Das Senden eines Signals hängt vom Alles-oder-Nichts-Gesetz ab: die Reaktion auf einen Reiz erfolgt entweder vollständig oder überhaupt nicht. Im Jahr 1949 formulierte HEBB die klassische Hebb'sche Lernregel, dessen allgemeine Form die Basis fast aller Lernverfahren von Neuronalen Netze bildet. Sie besagt, dass die Verbindung zweier Neuronen verstärkt wird, wenn beide zeitgleich aktiv sind [Heb02]. Ein solches biologisches Netz an Neuronen besteht aus ca. einhundert Milliarden Neuronen. Ein einzelnes Axon hat eine Länge von einem Neuron, bis hin zu der zehntausendfachen Länge [Bar16] und sind häufig in aufeinanderfolgenden Schichten zu finden [McC43]. Während die Schaltzeit bei Computern im Millisekunde Bereich ($\approx 10^{-3}$ s) liegt, schalten biologische Gehirne deutlich schneller ($\approx 10^{-9}$ s) [Zel03]. Grund für die große Differenz innerhalb der Schaltzeiten sind die im Gehirn parallel ablaufenden Arbeiten, während ein Computer größtenteils seriell arbeitet. Der Vergleich von Schaltzeit und Anzahl an Neuronen zwischen künstlichen Neuronalen Netzen und biologischen Gehirnen sagt noch nichts über deren Qualität und die Leistungsfähigkeit der jeweiligen Recheneinheit aus. Da KNNs Nachbauten von realen Gehirnen sind, finden sich jedoch viele Parallelen: sie versuchen biologische Gehirne abzubilden und deren Merkmale, wie Generalisierungsfähigkeit, Lernfähigkeit und Fehlertoleranz, zu adaptieren. Letzteres kann durch einen stabilen Prozess weiter unterstützt werden. Die Mathematik hinter den Machine Learning Algorithmen ist bekannt: Durch die hohe Anzahl an Schichten, Neuronen etc. ist es schwer nachvollziehbar, wie Informationen und Eingangsparameter verarbeitet werden und wie die Lösung der Problemstellung berechnet wird. Es wird daher als »Blackbox« bezeichnet. Ein künstliches Neuron wird in Gleichung 3-8 und wie folgt mathematisch beschrieben: Das Ausgabesignal des Neurons y wird als Summe der gewichteten Eingangssignale x_i beschrieben, wobei w_i die Gewichtung darstellt [Neg04].

$$y = \sum_{i=1}^{n} x_i \, w_i \qquad \text{Gl. 3-9}$$

Es stehen vorgefertigte Algorithmen zur Verfügung, die an die jeweilige Herausforderung angepasst werden. Die Anpassungen werden über den Vorhersagenfehler validiert. Dabei verfügt das n-dimensionale Feld der veränderbaren Parameter über ein globales Minimum und im Regelfall über mehrere lokale Minima. Mit steigender Komplexität des Neuronalen Netzes, wird es aufwendiger das globale Minimum zu finden, welches zusätzlich noch zur Überanpassung (»Auswendiglernen von Daten«) neigt [Cho14]. Die lokalen Minima zeigen ein ähnliches Leistungsverhalten wie das globale Minimum [Ana16].

Die Begriffe der »Computational Intelligence« sind in der VDI/VDE 3550 in den folgenden drei Teilen definiert:

- Künstliche Neuronale Netze in der Automatisierungstechnik – Begriffe und Definitionen [Ver01]
- Fuzzy-Logik und Fuzzy Control – Begriffe und Definitionen [Ver02]
- Evolutionäre Algorithmen – Begriffe und Definitionen [Ver03]

Das in dieser Arbeit vorgestellte Neuronale Netz wird als »schwache künstliche Intelligenz« bezeichnet. Schwache Intelligenzen haben nur einen Anwendungsfall und sind nicht fähig andere Problemstellungen zu lösen. Das verwendete ML-Modell wird überwacht trainiert, d. h. das Modell kennt Lösungen der Problemstellung und validiert sich selbst.

3.7 Werkzeuge zur Optimierung von Neuronalen Netzen
Neuronal network optimisation tools

Um Trendlinien auf den Daten, besonders bei der statistischen Auswertung, besser zu erkennen, werden alle hochfrequenten Sensordaten mit einem SAVITZKY-GOLAY-FILTER gefiltert. Dieser Filter ist ein Polynomfilter zur Glättung von Zeitreihen. Der Vorteil ist das Einbeziehen von hohen Frequenzen in die einfache Berechnung. Ersteres schließt die trägen Temperatursensoren und den pH-Sensor aus. Im Grunde wird beim Savitzky-Golay-Filter eine polynomiale Regression *k-ten* Grades, mit *k+1* äquidistanten Stützstellen durchgeführt [Sav64]. Das Machine learning Modell wird jedoch mit ungefilterten Rohdaten trainiert. Im Vergleich zum Savitzky-Golay-Filter ist die Bandbreite des arithmetischen Mittels geringfügig größer. Dieser Filter findet darüber hinaus Anwendung bei der Datenauswertung zur Bewertung des Zustandes des Polierprozesses bzw. des Polierkopfes. Der Filter ist durch folgende Gleichung beschrieben:

$$y_k^* = \frac{1}{f_{Norm}} \sum_{j=-1}^{m} C_j * y_{k+j} \qquad \text{Gl. 3-10}$$

f_{Norm}: Normalisierungsfaktor, der sich aus der Summe der Koeffizienten C_j ergibt

C_j: Savitzky-Golay-Filter Koeffizienten, aus Tabelle [Sav64]

y^*_k: aufbereitetes Signal

y_{k+1}: Eingangssignal

Die Variable *m* legt die Filterbreite fest. Die Anzahl der Messwerte, über die geglättet wird, beträgt *2m+1*.

3.8 Bewertungsschema
Evaluation scheme

Eine Standardmethode zur Bewertung von Regressions-Modellen ist der Root-Mean-Square-Error (RMSE) bzw. der quadrierte Wert, der Mean-Squared-Error (MSE). Beide Werte quantifizieren den Abstand zwischen dem Vektor aller Vorhersagen und dem Vektor mit den bekannten Zielwerten und sind wie folgt beschrieben [Gér20]:

$$MSE = \sum_{i=1}^{n} \frac{(\hat{y}_i - y_i)^2}{n} \qquad \text{Gl. 3-11}$$

$$RMSE = \sqrt{\sum_{i=1}^{n} \frac{(\hat{y}_i - y_i)^2}{n}} \qquad \text{Gl. 3-12}$$

$\hat{y}_i$: beschreibt die vorhergesagten Werte
y_i: sind die beobachteten Werte
n: ist die Anzahl der Beobachtungen

RMSE ist die Näherung für die Berechnung der Standardabweichung. Die statistische Bewertung der Formel zeigt, dass durch die quadratische Bewertung große Fehler weniger toleriert werden als üblicherweise kleine Vorhersagenabweichungen. Des Weiteren kompensieren sich Fehler mit unterschiedlichen Vorzeichen nicht [Kro16]. Durch die Division mit der Anzahl an Beobachtungen betrachtet man die Standardabweichung σ des Fehlers für eine typische Einzelbeobachtung und nicht den Gesamtfehler. Die Genauigkeit wird sich für eine höhere Anzahl an Versuchsdaten erhöhen. Der

RMSE dient sowohl zum Trainieren von Netzen, dem Bewerten trainierter Modelle als auch zum Bewerten von Trainingskurven. Die Einheit des RMSE hängt von der Problemstellung des Anwenders ab und bedarf daher einer subjektiven Betrachtung. Der RMSE-Wert sollte so klein wie möglich sein: bei großen Werten werden Eigenschaften der realen Fragestellung nicht berücksichtigt. Er sollte in der Größenordnung der Fragestellung liegen; ein zu kleiner RMSE ist ein Indikator für eine Überanpassung [Moo19].

Als eine Möglichkeit zur Bewertung von Merkmalen kommen Korrelationsmatrizen zum Einsatz. Die drei gängigsten Korrelationskoeffizienten sind PEARSON, KENDALL und SPEARMANN. Beim Pearson-Koeffizienten wird weder der Rang der einzelnen Merkmale noch ihren Einfluss auf den Zielvektor berücksichtigt. Der Pearson'sche Korrelationskoeffizient geht von einer linearen Korrelation zweier Merkmale aus [Brü18]. Des Weiteren gibt es Rangkorrelationskoeffizienten, die gegenüber Ausreisern robuster sind und nicht-lineare Abhängigkeiten ermitteln. Die zwei bekanntesten Rangkorrelationskoeffizienten sind der Spearman'sche und der Kendall'sche Rangkorrelationskoeffizient. Die Korrelation kann einen Wert zwischen -1 und 1 annehmen. Ein Wert von 1 bedeutet eine vollständige Korrelation und ein Wert von -1 eine umgekehrte Korrelation [Cho10].

Zur Validierung von visualisierten Trainingskurven wird die Verlustfunktion (*engl.* loss function) ebenfalls betrachtet. Bei dieser wird ebenfalls der MSE berechnet.

Die Differenz zwischen Vorhersage und tatsächlich gemessenen Wert, auch Vorhersagengenauigkeit genannt, wird über den Mean Absolute Error (*kurz:* MAE) validiert. Er ist definiert als gemittelter absoluter Fehler der Differenz von vorhergesagtem zum tatsächlichen Wert:

$$MAE = \sum_{i=1}^{n} \frac{abs(\hat{y}_i - y_i)}{n} \qquad \text{Gl. 3-13}$$

Die Vorhersagengenauigkeit eines Regressionsmodells wird u. a. in der Literatur durch den R^2-Wert bewertet. R^2 ist der Prozentsatz der Variationen, die durch die Beziehung zwischen zwei Variablen erklärt wird. Der R^2-Wert entspricht dem Pearson-Koeffizienten. Ein weiterer Bewertungsparameter ist der R-Wert: die Wurzel des R^2-Wertes, welcher negative Werte zulässt. Ein Wert von 0 bedeutet, dass die Eingangsmerkmale vom Regressions-Modell nicht berücksichtigt werden. Ein Wert von 1 wäre eine perfekte Modellanpassung. R^2 stellt als Gütemaß ausschließlich lineare Zusammenhänge dar. Es ist die erklärte Variation durch die Gesamtvariation und wird mathematisch wie folgt beschrieben [Ros17]:

$$R^2 = \frac{\sum_{i=1}^{n}(\hat{y}_i - \bar{y})^2}{\sum_{i=1}^{n}(y_i - \bar{y})^2} \qquad \text{Gl. 3-14}$$

$\bar{y}$: Mittelwert

3.9 Hyperparameter
Hyperparameter

Mit steigender Anzahl an Daten zum Trainieren agiert jedes Machine learning Modell besser auf die Fragestellung. Unterschiedliche Lernalgorithmen, auch primitive, schneiden im Vergleich gleich gut ab, wenn man ihnen ausreichend Daten zur Verfügung stellt. Das bedeutet, dass eine Investition von Zeit und Geld in das Generieren eines Datenkorpus sinnvoller ist, als das Investieren in deren Algorithmik [Ban01, Hal09]. Es ist für kleine und mittlere Datensätze sinnvoller die Algorithmen zu optimieren, da das Erzeugen weiterer realer und sinnvoller Machine learning Daten aufwendiger ist. Eine Möglichkeit ist die Optimierung von Hyperparametern. Man unterscheidet bei ML zwischen Modellparameter und Hyperparameter. Modellparameter werden während des Trainings angelernt und sind für die Gewichtung innerhalb des Machine learning Modells zuständig. Beim Training wird ein optimales Verfahren für die Daten verwendet, um den besten Modellparameter zu ermitteln. Hyperparameter definieren das Leistungsvermögen des Modells, z. B. wie flexibel oder wie viele Freiheitsgeraden hat es bei der Anpassung der Modellparameter. Ein zu flexibles Modell hat zu viele Freiheitsgerade, neigt zur Überanpassung (*engl.* Overfitting) und ist damit ungenau bei Prozessvorhersagen. Andere Hyperparameter zielen auf das Training an sich ab: u. a. der Vorhersagenfehler des Neuronalen Netzes. Hyperparameter sind für die jeweilige Problemstellung optimiert und müssen bei einer Änderung immer neu trainiert werden [Zhe15].

Das Modell trifft exakte Vorhersagen auf Grundlage von Daten, die eine Ähnlichkeit zu den Trainingsdaten aufweisen, es fehlt daher eine Generalisierbarkeit und das Modell kann die Problemstellung nicht auf unbekannte Daten verallgemeinern [Agg18]. Möglichkeiten das Overfitten zu unterbinden sind die Verringerung von Merkmalen, die Generierung und Verwendung von mehr Trainingsdaten und das Reduzieren von Rauschen auf den Daten. Bei Unteranpassung (*engl.* Underfitten) kann ein zu einfaches Modell die Komplexität der Struktur in den Daten nicht ausreichend darstellen und die Vorhersagen (auch auf Trainingsdaten) sind ungenau. Durch Betrachtung der Trainingskurve können sowohl Over- als auch Underfitting ggf. beobachtet und ausgeschlossen werden [Gér20].

Die Anzahl der verdeckten Schichten und die Anzahl der Neuronen pro Schicht, Aktivierungsfunktion und Dropout werden als Modell- bzw. Architektur-Hyperparameter bezeichnet. Sie beziehen sich jeweils auf die Struktur eines Modells.

Die Optimierung der Netzarchitektur ist, wie vieles im Bereich der künstlich Neuronalen Netze ein zeitaufwendiges Unterfangen. Um die Entwicklungszeit zu reduzieren, werden im Vorfeld die Parameterwerte eingegrenzt, um mögliche Kombinationen zu begrenzen. Da das Suchen von Parametern, in Abhängigkeit von der Anzahl ein zeitaufwendiges Unterfangen ist, werden diese zu Clustern zusammengefasst und sequenziell trainiert. Die gängigsten Hyperparameteroptimierungverfahren sind Rastersuche, Bayessche-, Gradientenbasierte-, Evolutionäre-Optimierung und empirische Zufallssuche. Im Folgenden wird auf die weiteren Hyperparameter Lernrate, Epochen und Batchgröße eingegangen:

Die **Lernrate** bezeichnet den Betrag, um den die Gewichtungen während dem Training aktualisiert werden. Kleine Trainingsdaten benötigen mehr Trainingsepochen, da die Gewichtungen bei jeder Aktualisierung nur gering verändert werden. Je kleiner die Lernrate, desto länger benötigt das NN zum Trainieren. Die Lernrate wird in Zehnerpotenzen, üblicherweise in einem Bereich zwischen 0,001 und 1 angegeben [Ram18].

Epochen spielen eine entscheidende Rolle im Hinblick auf die Anpassungsfähigkeit des Modells auf die Trainingsdaten. Epochen bezeichnen die Anzahl, wie oft das Neuronale Netz einen kompletten Datensatz durchläuft, bevor eine Anpassung der Gewichtungen oder die Fehlerfunktion berechnet wird. Eine zu geringe Anzahl an Epochen kann das Potential des Modells einschränken und eine zu hohe Anzahl führt zur Überanpassung und damit zu einem Generalisierungsproblem. Die optimale Anzahl an Epochen kann in der visualisierten Verlustfunktion bzw. den visualisierten Trainingskurven sichtbar gemacht werden [Gar19].

Die **Batchgröße** ist ein eigener Hyperparameter, steht jedoch im Kontrast zur Epoche. Wird die Anzahl der Epochen erhöht, muss die Batchgröße verkleinert werden und umgekehrt. Die Batchgröße definiert die Anzahl der Zeilen im Datensatz die vom Modell bearbeitet werden müssen, bevor die internen Modellparameter aktualisiert werden. Der Hauptvorteil großer Batchgrößen ist die leistungsfähige Verarbeitung von Hardwarebeschleunigern, beispielweise GPU (*Graphics processing units*, dt. Grafikprozessor). Der Einsatz von kleinen Batches (2-32) ist zu bevorzugen [Mas18]. Eine mögliche Strategie besteht darin, mit einer großen Batchgröße die Lernrate zu steigern und bei instabilem Training zu verringern. Die maximal größte Batchgröße ist damit abhängig von der Lernrate. Die große Anzahl an Hyperparameter erschwert das Suchen nach optimalen Modellparametern. Verschiedene Strategien und Werkzeuge verschaffen Abhilfe. Neben dem klassischen Gradientenverfahren gibt es verschiedene Python-Bibliotheken und Optimierer zur teilweise automatisierten Parameteroptimierung.

Beim Gradientenverfahren, einem iterativen Optimierungsverfahren, werden die Modellparameter schrittweise und zufällig angepasst. Folgend wird auf die Optimierer *RMSProp*, *SGD* und *Adam* eingegangen. Die vorgestellten Optimierer verfügen über weitere Einstellparameter. Im Regelfall passt die Voreinstellung, sodass dort keine weiteren Parametersuchen benötigt werden. Adam und RMSProp sind adaptive Optimierungsverfahren.

Root Mean Square Propagation, kurz*:* RMSprop speichert sich die Gradienten der letzten Iterationen, jedoch nicht von Trainingsbeginn an [Gér20]. Adam ist die Abkürzung für *Adaptive Moment Estimation* [Kin14]. Der Optimierer merkt sich den Mittelwert der vorherigen Gradienten, das erste Momentum, und den quadrierten Gradienten, die Varianz bzw. das zweite Momentum. Letzteres wurde vom Verfahren RMSProp übernommen. Optimierer wie o. g. verfügen bei manchen Datensätze über eine zu geringe Verallgemeinerungsleistung [Wil17].

Die *Stochastic Gradient Descent* (SGD) Methode ist eine Gradientenmethode, bei welcher der Gradient nur aus einer kleinen Teilmenge oder zufälligen Auswahl von Datenbeispielen berechnet wird. Bei dieser Methode kann die Lernrate nicht verändert werden, dadurch benötigt die Konvergenz zusätzlich Zeit [Rud16].

Bei der **Rastersuche** werden die optimalen Hyperparameter Epoche, Batchgröße, die Wahl des Optimierers und die Lernrate bestimmt. Die Rastersuche (*engl.* Gridsearch) testet jede einzelne Kombination vorher festgelegter Werte, über die sogenannte Kreuzvalidierung. Dabei werden die Trainingsdaten in kleinere Datensätze unterteilt und darauf trainiert [Gér20]. Die Rechenzeit mit jedem neuen Hyperparameter exponentiell an. Da maximal große Werte in Batchsize und Lernrate ausgewählt werden sollen, gibt Gridsearch den negierten MSE aus. Nach Beendigung der Rastersuche werden alle Parameter in einer Liste mit allen Kombinationen zurückgegeben, zusätzlich zur besten Kombination.

Nachfolgend wird auf die Hyperparameter der Netzarchitektur eingegangen: der Anzahl der verdeckten Schichten, Anzahl der Neuronen pro Schicht, die Aktivierungsfunktion jeder Schicht und dem Dropout-Grad in jeder Schicht. Die **Anzahl der verdeckten Schichten** bestimmt die Tiefe des Neuronalen Netzes. Theoretisch können mit einer verborgenen Schicht die komplexesten Funktionen modelliert werden, vorausgesetzt die einzelne Schicht enthält ausreichend Neuronen. Netze mit mehreren Schichten, tiefere Netze genannt, bilden komplexe Funktionen mit exponentiell weniger Neuronen ab. Damit erreichen sie mit gleicher Menge an Trainingsdaten eine deutlich bessere Performance. Eine zu hohe Anzahl führt zu langen Trainingszeiten und zu weiteren Herausforderungen, wie z. B. Overfitting. Eine mögliche Strategie beginnt mit einer verdeckten Schicht und dem anschließenden Erweitern des Netzes um jeweils eine, bis kein Mehrwert festgestellt werden kann [Ram18].

Im Allgemeinen hat das Erhöhen der Anzahl der Schichten mehr Auswirkungen als das **Erhöhen der Anzahl an Neuronen pro verborgener Schicht**. Hat eine Schicht zu wenig Neuronen, reicht die Leistung nicht aus um die Aufgabenstellung repräsentativ zu lösen. In der Praxis stellt man jeder Schicht die gleiche Anzahl an Neuronen in ausreichender Menge zur Verfügung und reguliert diese durch andere Methoden. Dadurch kann Rechenzeit eingespart werden und es ist sichergestellt, dass das Neuronale Netz eine ausreichende Anzahl an Neuronen hat. Die Anzahl der Neuronen wird für gewöhnlich in Zweierpotenzen angegeben, empfohlene Standardwerte sind zwischen 32 und 2048 Neuronen [Zag16].

Da das künstliche Neuronale Netz dem biologischen Gehirn nachempfunden ist, muss auch definiert werden, wann die künstlichen Neuronen Signale senden. Neben der Anzahl der Neuronen muss ebenfalls die **Aktivierungsfunktion** definiert werden. Jedem Eingang wird eine Gewichtung zugewiesen, also eine Aktivierung des Eingangs bzw. des vorausgegangenen Neurons. Jedes Neuron hat eine individuelle Gewichtung, die sich im Training ändern kann. Je nach Vorzeichen der Gewichtung kann eine Eingabe hemmend oder erregend agieren. Eine Gewichtung von 0 steht für eine nicht existierende Verbindung zwischen zwei Neuronen. Gleich wie die biologische neuronale Gehirn-Zelle, berechnet die Übertragungsfunktion, anhand der Gewichtungen der Eingaben, die Netzeingabe des betrachteten Neurons. Die Ausgabe des Neurons wird durch die Aktivierungsfunktion definiert. In Abbildung 3-7 ist ein künstliches Neuron schematisch dargestellt: das Neuron erhält von anderen vorgelagerten Neuronen Signale x_n, die gewichtet werden (w_n). Diese Eingaben werden alle zusammen aufsummiert und das

Neuron sendet, in Abhängigkeit von der Aktivierungsfunktion, ein Signal (y) an die dahinter gelagerten Neuronen aus. Häufig verwendete Aktivierungsfunktionen sind *ReLU*, *Softplus* und *Sigmoid (siehe* Tabelle 3-9). Die einzelne Eignung der Aktivierungsfunktion hängt von ihrer Problemstellung (Klassifikation- oder Regressionsaufgabe), der Berechnungszeit mit dieser Aktivierungsfunktion, sowie ihrer Skalierung und Verteilung der Daten ab. Die Aktivierungsfunktion bestimmt, welchen Ausgabewert y das künstliche Neuron hat und wird als mathematische Funktion des künstlichen Neurons beschrieben [Neg04]:

$$y = f\left(\sum_{i=1}^{n} x_i \, w_i\right) \qquad \text{Gl. 3-15}$$

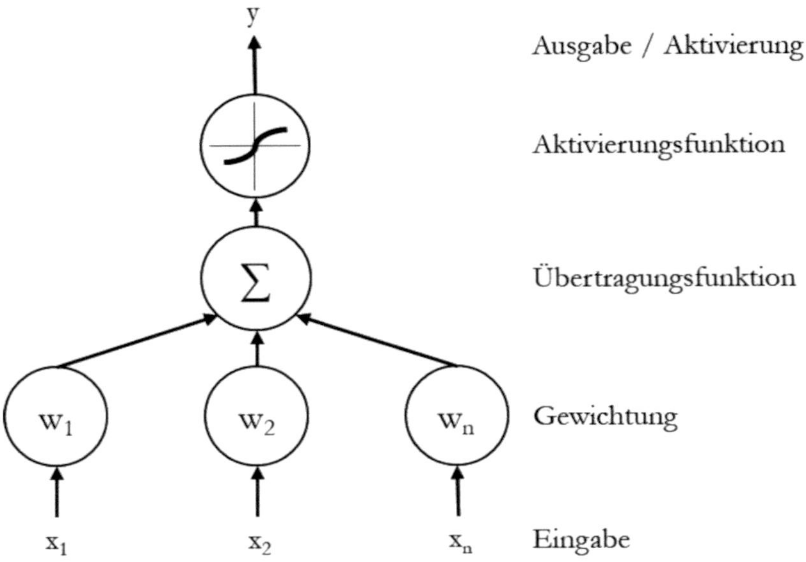

Abbildung 3-7: Vereinfachte Darstellung eines künstlichen Neurons

Tabelle 3-9: Beschreibung der Aktivierungsfunktionen ReLU, Softplus und Sigmoid

Aktivierungsfunktionen	Beschreibung
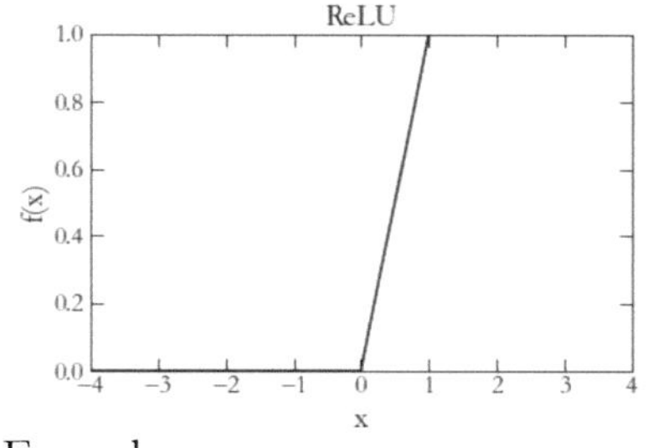	Die Rectified Linear Unit Funktion (Abk. ReLU) ist für negative Eingabewerte 0 und steigt dann linear mit einer Steigung von 1 an. Es lässt sich performant berechnen und wird vorzugsweise in der Praxis eingesetzt [Vin10].
Formel:	$f(x) = max(0, x)$
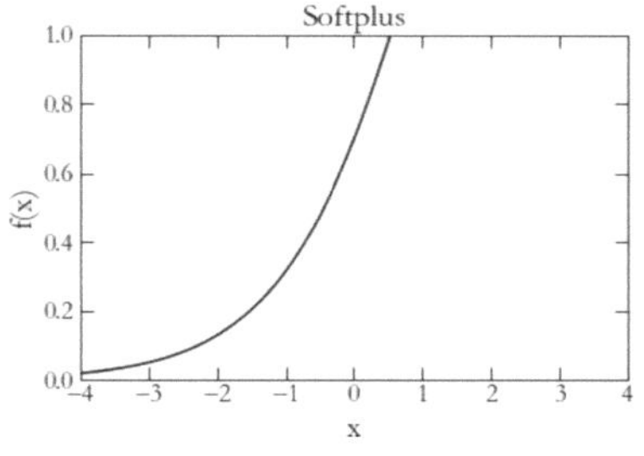	Softplus verbindet die Vorteile von ReLU und Sigmoid. Von den dreien ist es die jüngste Entwicklung [Glo11].
Formel:	$f(x) = ln(1 + e^x)$
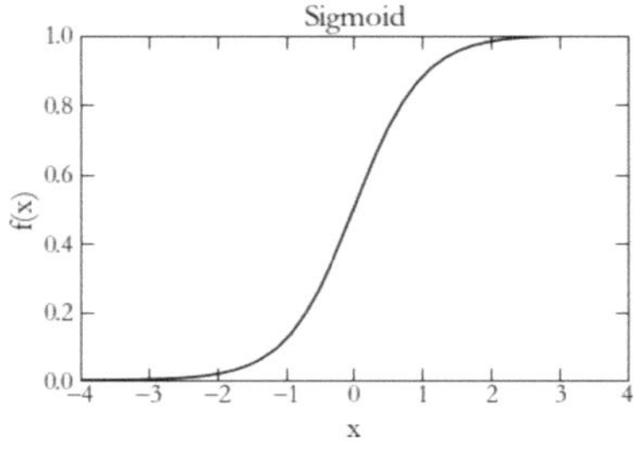	Biologische Neuronen nutzten eine ähnliche Aktivierungsfunktion wie die Sigmoid-Funktion. Trotz der Analogie zu biologischen NN agiert die ReLU für ANNs besser [Gér20].
Formel:	$f(x) = \frac{1}{2}\left(1 + tanh\frac{x}{2}\right)$

Der **Dropout** ist ein reiner Trainingsparameter und wird nach Trainingsabschluss deaktiviert. Er dient zur Regulierung von Auswendiglernen und der damit einhergehenden schlechten Generalisierungsfähigkeit. Der Dropout kann für jede Schicht eingestellt werden und definiert, wie viele Eingangsneuronen in prozentual ausgeschaltet und für den kommenden Berechnungsschritt nicht berücksichtigt werden. Dadurch wird das Neuronale Netz gezwungen, weniger spezielle und mehr abstrakte Konzepte zu erlernen. Für den laufenden Betrieb stehen dann alle Neuronen zur Verfügung. Die Ergebnisse werden in der Regel deutlich besser und das neuronale Netz ist robuster in Hinblick auf unbekannte Daten [Hin12].

3.10 Algorithmen zur Auswahl von Merkmalen Feature selection algorithms

Merkmale sind die numerische Darstellung von Rohdaten. Sowohl ihre Qualität (Aussagekraft), als auch ihre Anzahl definieren die Leistungsfähigkeit des ANN. Bei zu wenigen Daten können keine präzisen Vorhersagen getätigt werden. Sind zu viele oder redundante Daten vorhanden, wird das Trainieren zeitaufwendig und ggf. werden falsche Ziele angelernt. Die Merkmalsauswahl dient dazu nicht benötigte, irrelevante oder redundante Attribute aus den Daten zu identifizieren und diese im verwendeten Modell nicht zu berücksichtigen. Das Neuronale Netz bleibt dann hinter seinen Möglichkeiten zurück. Eine geringere Anzahl an Merkmalen reduziert die Komplexität und somit die Trainingszeit eines Neuronalen Netzes [Bro14]. Die Bestimmung der zum Trainieren zu verwendeten Merkmalen bezeichnet man als Merkmalskonstruktion [Zhe19].

Ein Nachweis dieser korrelierenden Merkmale sind **Korrelations-Matrizen**. Zur Überprüfung dienen bekannte Korrelationen: die SPS berechnet das Drehmoment des Motors automatisch aus dem Motorstrom; ebenfalls sind Abhängigkeiten der Dichte bzw. des pH-Wertes von der Polierflüssigkeitstemperatur bekannt.

Eine weitere Möglichkeit der Merkmalskonstruktion ist das Anwenden von Algorithmen, wie SelectKBest, Recursive Feature Elimination oder Permutation. Die Algorithmen stellen in der Regel ein Ranking und eine Auswahl der n-besten Merkmale auf. Dieses Ranking spiegelt den Einfluss oder die Signifikanz eines Merkmals in Bezug auf die Zielgröße. **SelectKBest** ist eine der verbreiteten Merkmalsauswahl-Algorithmen. Dieser ist Teil der

Python-Bibliothek Scikit-learn und verfügt nur über eine Variable, ist somit ein univarianter Algorithmus. Dadurch werden Korrelationen zu anderen Merkmalen nicht berücksichtigt. SelectKBest bietet eine Auswahl für die Lösung von Klassifikations- und Regressionsproblemstellungen an. Die Reduzierung des Datensatzes basiert auf einem Ranking einer bestimmten Anzahl an Merkmalen (den *k*-besten) [Alb19].

Bei der **Recursive Feature Elimination** (RFE) wird wiederholt ein externes Modell trainiert und eliminiert dabei jeweils das schwächste Merkmal, bis die Modellvorhersage schlechter wird. Die Reihenfolge, in welcher die Merkmale eliminiert wurden, dient entsprechend als Reihenfolge der verwendeten Merkmale. Es wird jedoch keine Anzahl an empfohlenen Merkmalen erstellt [Fra19].

Bei der Auswahl der Merkmale durch **Permutation** wird die Beziehung zwischen dem Merkmal und der Zielgröße zerstört: die Werte eines Merkmals werden durchmischt und anhand dessen, wie stark der Fehler ansteigt, wird eine Rangordnung erstellt. Ein Merkmal wird in seiner Wichtigkeit höher gewertet, je stärker der Fehler ansteigt. Das Modell stützt sich in seiner Annahme darauf und führt dies für alle Merkmale durch [Oja09].

3.11 Datenwissenschaft und Machine learning Einsatz in der Optik bzw. -fertigung Data science and machine learning application in optics or optical manufacturing

Bisher kommen Machine learning Modelle in der Optikbranche hauptsächlich in der Bildverarbeitung und Messtechnik [DGA20] oder als Optische Neuronale Netze (ONN) zum Einsatz. Solche ONNs bilden eine Besonderheit bei intelligenten Algorithmen; sie sind dreidimensional und verfügen über eine performante Aktualisierung der einzelnen Schichten. Bei elektronischen Neuronalen Netzen benötigt die Aktualisierung einige Millisekunden. Zwei bekannte Systeme sind holographisch basierte Ansätze oder räumliche Modulatoren für Licht [Maz93].

Für Prozessaussagen oder für datengetriebene Modelle werden Sensordaten benötigt. Einen Überblick der Sensoren für die Prozessüberwachung in der Politur bietet INASAKI [Ina01]. Die Anzahl der Veröffentlichungen zum Sensoreinsatz für abrasive Prozesse übertrifft derzeit um ein Vielfaches die Veröffentlichungen zum Sensoreinsatz in der Politur. In Bezug auf das Schleifen und Polieren mit dem Roboter nutzen DIESTEL ET AL. Sensoren, um einen automatischen Polierprozess von Spritzgussformen zu schaffen [Die13]. Zur Beurteilung des Polierwerkzeuges und der Poliermittelzuführung kommen beim CMP Prozess im industriellen Bereich Vibrationssensoren zum Einsatz. PILNÝ UND BISSACO überwachen den Polierprozess mittels Beschleunigungssensoren [Pil15]. AHN ET AL. detektieren mit Sensoren, wann das Polierwerkzeug verschlissen ist bzw. wann auf eine nächstkleinere Körnung gewechselt werden sollte. Bei ähnlichen Prozessparametern wie in der vorliegenden Arbeit, wird eine Abhängigkeit von Vibrationen zur erreichten Endrauheit gezeigt [Ahn02]. SEGRETO UND TETI nutzen Beschleunigungssensoren, Dehnungsmessstreifen und messen den Strom, um mit den Daten und einem ANN das Erreichen der Endoberfläche beim CMP vorherzusagen. Beim Waferplanarisieren wird das Polierwerkzeug im laufenden Prozess mit einer separaten Spindel abgerichtet. Sind die Vibrationen an der Abrichteinheit auf der kompletten Fläche zu hoch, muss die Konditionierscheibe ausgetauscht werden. Bei einzelnen lokalen abnormen Vibrationen durch zu viel Reibung, muss eine Poliermitteldüse justiert bzw. ausgetauscht werden [Sig20]. Immersionskameras werden in-situ zur Beurteilung des Polierwerkzeuges, insbesondere der Verschluss der Poren durch Materialabrieb, verwendet [Sen20]. Die Tabelle 3-10 fasst die Sensoren in der Literatur zusammen.

Beim CMP werden für die Abtragsvorhersage bereits datengetriebenen Modelle, wie z. B. Machine learning Algorithmen, genutzt. Die *Prognostic and Health Management Society* (PHM) stellte beispielsweise im Rahmen ihrer jährlichen Konferenz 2016 in ihrem Daten-Wettbewerb öffentlich einen ML-Datensatz zur Regression in der Waferpolitur bereit.

Tabelle 3-10: Verwendeter Sensoreinsatz in der Wafer- und Metallpolitur in der Literatur

Autor	Verwendete Sensoren	Quelle
Ozaki	Kraft und Drehmomentmessung im Schleifprozess	[Oza95]
Inasaki[2]	Kraftsensor, Motorleistung, Drehmoment, Akustiksensoren, Beschleunigungssensoren	[Ina01]
Ahn	Beschleunigungssensor, Normalkraft, Vorschub und Werkzeugstrukturierung	[Ahn02]
Nagata	Kraftsensor wird als Positionssensor bei konkav-ähnlichen Kunststoffformen verwendet	[Nag03]
Diestel	Korngröße, Verfahrgeschwindigkeit, Drehzahl, Normalkraft	[Die13]
Pilný	Beschleunigungssensoren, Normalkraft Streulichtsensor (Oberflächenbeurteilung)	[Pil15]
Segreto	Beschleunigungssensor, Dehnungsmessstreifen, Motorstrom	[Seg19]

Der Polierspalt (Polierspalthöhe, Normalkraft, Temperaturfluss) wurde von verschiedenen Autoren mittels Sensoren-Einsatzes betrachtet. Ein Überblick über die verwendeten Sensoren findet sich in Tabelle 3-11. HABERLAND ET AL. untersuchten den Polierspalt auf die Polierspalthöhe, die Normalkraft und den thermischen Gradienten [Hab91].

[2] Sensoreinsatz in konventionellen Prozessen wie Drehen und Fräsen

KELM ET AL. betrachteten den Materialabtrag in Abhängigkeit mit dem Reibungskoeffizienten [Kel12, Kel16]. Aus der Art und Orientierung des Polierwerkzeuges, der messtechnischen Erfassung des Motorstroms und der dazugehörigen Spannungsversorgung kann der Reibungskoeffizient berechnet werden. In der Arbeit von Kelm ging es dabei um Off-set-Werkzeuge. Vorversuche zeigten im Labor, dass die Drehmomentmessung am Motor durch Spannung und Strom zu größeren Schwankungen führt als die Messung des Drehmoments direkt am Polierpad. Weitere Laborversuche zeigten, dass die vielen Prozesseinflüsse (u. a. Chemie der Polierflüssigkeit, Roboter, Wirkungsgrad des Polierkopfes) eine präzise Messung des Reibungskoeffizienten über den Motorstrom erschweren.

KLOCKE ET AL. überwachten die Spindelleistung, Polierflüssigkeitstemperatur und -leitfähigkeit, pH-Wert und Zeta-Potential als Prozessparameter in der Politur von Siliziumnitrid auf einer kommerziellen Poliermaschine [Klo09a]. Hinzukommen weitere Offline-Daten, wie z. B. die erreichte Rauheit. Die Flüssigkeitstemperatur wird im Zu- bzw. Abfluss gemessen und weist daher Unsicherheiten auf, um Aussagen über Prozesstemperaturen treffen zu können. Der Zielparameter ist die Rauheit, zusätzlich wird der Materialabtrag über die Höhe des Bauteils gemessen und rückgerechnet. Durch die Spindelleistung sollen Rückschlüsse auf Reibungskräfte im Polierspalt getroffen werden, was u. a. durch Wirkungsgrad, Antriebsstrang (z. B. Kugellager, dämpfende Elemente, Vibrationen) nahezu unmöglich ist.

Tabelle 3-11: Wissenschaftliche Arbeiten über Glasbearbeitung mit Sensor

Autor	Schwerpunkt	Quelle
Haberland	Kapazitiver Sensor zur Messung der Polierspalthöhe	[Hab91]
Klocke	Messung der Spindelleistung, Polierflüssigkeitstemperatur und -leitfähigkeit, pH-Wert und Zeta-Potential	[Klo09a]
Kelm	Messung von Motorstrom und Spannungsversorgung zur Abtragsvorhersage	[Kel16]

Der Machine learning Einsatz in der Waferpolitur wird folgend betrachtet. Um den zeitaufwendigen Prozess der Datenbeschaffung und -Aufbereitung zu sparen, nutzen viele Publikationen den PHM-Datensatz. KONG ET AL. [Kon11] nutzten verschiedene, nicht detailliert genannte Sensordaten als Eingangsparameter zur Vorhersage des Materialabtrags der Zielhöhe der Waferpolitur. Als Machine learning Modell dienen nichtlineare sequenzielle bayessche basierte Entscheidungsbäume, mit einer Vorhersagengenauigkeit von 90,14 %.

Um den Materialabtrag bei der Waferpolitur vorherzusagen, nutzten WANG ET AL ein Deep Belief Netzwerk (DBN). Bei einem solchen ML-Modell werden mehrere Boltzmann-Maschinen übereinandergestapelt [Wan17]. Beruhend auf der Boltzmann-Verteilung nutzen diese Maschinen, statt einer deterministischen Aktivierungsfunktion, eine Wahrscheinlichkeitsfunktion zur Bestimmung des Ausgabewertes eines Neurons. Die einzelnen

Schichten werden chronologisch trainiert, da Daten häufig aus hierarchischen organisierten Mustern bestehen: niedrigere Schichten erlernen Merkmale auf einer niedrigeren Ebene und höhere Schichten lernen auf einem höheren Niveau. Grundsätzlich werden DBNs unüberwacht trainiert [Hin06]. Für das Training des Netzes wurden 16 Eingangsparameter verwendet. Neben der Drehgeschwindigkeit oder des Prozesskammerdrucks wurden die Laufzeiten der Maschinenkomponenten (u. a. Konditionierer) als Eingangsparameter verwendet.

JIA ET AL. nutzten für ihr Modell die PHP-Daten aus der CMP-Politur [JIA18]. Entgegen den anderen Veröffentlichungen über dieses Thema, erklärt Jia jeden einzelnen Schritt und begründet die Vorgehensweise. Zur Merkmalsauswahl werden angepasste k-nearest-neighbors, time-neighbor-features und Statistische Merkmalsmatrizen verwendet. Das Ergebnis wird mit dem Preston-Modell verglichen und das NN ist um den Faktor 128 besser. Es wird ein Vorhersagenfehler von 0,43 % angegeben, damit sind die Ergebnisse dieser Veröffentlichung besser als die der PHM-Datenchallenge-Gewinnerteams.

KHAKIFIROOZ ET AL. nutzten bayessche Statistik zur Auswahl der Modellmerkmale und generieren mit ihnen Entscheidungstabellen [Kha18]. Validiert werden die Tabellen über R^2 und RMSE. Das Besondere am Vorgehen: es werden die einzelnen iterativen Polierschritte nicht als Ganzes betrachtet, sondern jeder Polierschritt mit seiner ganzen Anzahl an Prozessparametern. KHALICK ET AL. nutzten ebenfalls ein Neuronales Netz für die Roboter-Politur von Metallen [Kha17]. Dabei wurde sowohl der Materialabtrag als auch die Rauheit betrachtet. Die Lernkurve des Netzes hat den Anschein einer Überanpassung und die Ergebnisse beziehen sich auf plane Proben. Der Aufbau ist funktional, jedoch sehr ähnlich zum Aufbau der durchgeführten Versuche dieser Arbeit.

YU ET AL. nutzten Neuronale Netze, um auf Grundlage der Preston-Gleichung, Aussagen über die End-Rauheiten der Glaspolitur mit dem Roboter zu treffen [Yu 19]. Da eine adäquate Anzahl an Versuchsdatensätzen fehlte, wurden viele Daten simuliert. Das entstandene Modell weist eine Vorhersagenwahrscheinlichkeit von 25,16 % auf, wobei die Ergebnisse selbst als nicht optimal beschrieben wurden.

Alle beschriebenen Veröffentlichungen zum Thema Machine learning Modellen in der Politur sind vergleichend in Tabelle 3-12 dargestellt.

Tabelle 3-12: Eingesetzte Machine learning Modelle in der Politur

Autor	Verwendetes Machine learning Modell	Quelle
Kong	Nichtlineares Bayesian Regression	[Kon11]
Rao	Entscheidungsbäume	[Rao14]
Khalick	Neuronales Netz und genetische Algorithmen	[Kha17]
Wang	Deep Belief Network	[Wan17]
Khakifirooz	Entscheidungstabellen	[Kha18]
Jia	Neuronales Netz	[Jia18]
Li	Unkorrelierte Entscheidungsbäume	[Li19]
Segreto	Neuronales Netz	[Seg19]
Yu	Neuronales Netz	[Yu 19]

3.12 Zusammenfassung Stand der Erkenntnis
Summary State of the art

In diesem Kapitel wurden sowohl die Begrifflichkeiten der Politur als auch die des Maschinellen Lernens eingeführt. Trotz der langen Tradition der Politur kann zusammengefasst gesagt werden, dass die Politur noch nicht vollständig verstanden ist. Die vorliegende Arbeit verbindet den Jahrtausende alten Polierprozess mit dem jungen Forschungsfeld des Maschinellen Lernens. Für den ähnlichen Prozess CMP, der Politur von Wafern, gibt es bedeutend mehr wissenschaftliche Erkenntnisse und Ergebnisse zum Einsatz von Machine learning. Der CMP-Prozess ist darüber hinaus wesentlich stabiler als die Roboter-Glaspolitur.

Für eine gezielte Weiterentwicklung der Glaspolitur und zur Erweiterung der Automatisierung müssen neue Ansätze, wie der Einsatz von datengetriebenen Modellen z. B. durch Machine learning Modelle, in Betracht gezogen werden.

Künstliche Neuronale Netze nutzen ähnliche Elemente wie ein menschliches Gehirn. Als Stellparameter für das künstliche Netz stehen Hyperparameter zu Verfügung, welche die Performance des Netzes verbessern oder verschlechtern können. Die hohe Anzahl an Stellgliedern und der Varianz an Möglichkeiten erschweren die Netzoptimierung. Hyperparameteroptimierung wirkt sich auf die Trainingszeiten aus. Bessere Ergebnisse können erzielt werden als ohne die Verwendung optimierter Netze.

Bisher gibt es ähnliche Aufbauten in der Datenauswertung [Klo09a] und für das Machine learning Modell [Kha17, Yu 19]. Gerade im Bereich der Metallpolitur gibt es bereits Ansätze und teilweise auch fertige Lösungen für Planproben, größere Abträge und Rauheiten im µm-Bereich. Die Waferpolitur ist der Glaspolitur in Sachen Sensoreinsatz und Prozessvorhersage mittels Machine Learning Modellen deutlich voraus und verfügt schon über standardisierte Datensätze, die der Forschungsgemeinschaft zur Verfügung stehen.

4 Vorgehensweise
Proceeding

In diesem Abschnitt werden die allgemeinen Grundlagen zu dieser Arbeit behandelt. Es werden die einzelnen Schritte aufgezeigt, die für die Datengewinnung notwendig sind. Darunter zählen der Prozessüberblick, die Messtechnik und die Versuchsplanung. Außerdem wird auf die Auswahl der Sensorik und der Aktorik eingegangen.

4.1 Prozesskette
Process chain

Abbildung 4-1 zeigt die Prozesskette der Datengewinnung für das später verwendete ML-Modell. Nach der Probenvorbereitung werden Werkstück und Roboter kalibriert und eingemessen. Vor dem eigentlichen Polierschritt wird die Ausgangsoberfläche interferometrisch vermessen und anschließend startet der eigentliche Polierprozess: am PC werden die Polierparameter eingegeben und das Programm gestartet. Dieses wird direkt auf der Speicherprogrammierbaren Steuerung (SPS) ausgeführt und steuert die Werkzeugdrehzahl, die Normalkraft des Polierkopfes und die Polierdauer. Die Sensorwerte des Polierprozesses werden über die SPS eingelesen und an den PC transferiert, wo sie in Echtzeit in eine CSV-Datei gespeichert werden. Der Polierkopf ist an einem industriellen Roboter angebracht, der die zuvor geladene Polierbahn abfährt. Nach dem Polierprozess liegen die Sensordaten vor und enthalten spaltenweise die einzelnen Sensordaten. Diese bilden die Eingangswerte für die im weiteren Verlauf erzeugten Datensätze. Das Werkstück wird erneut vermessen. Die Messung dient als Ausgangsoberfläche des kommenden Versuchs. Aus den beiden Relativmessungen kann der Abtrag berechnet werden. Die Abtragsmessungen werden aufbereitet und dienen als Zielparameter beim Trainieren des Neuronalen Netzes.

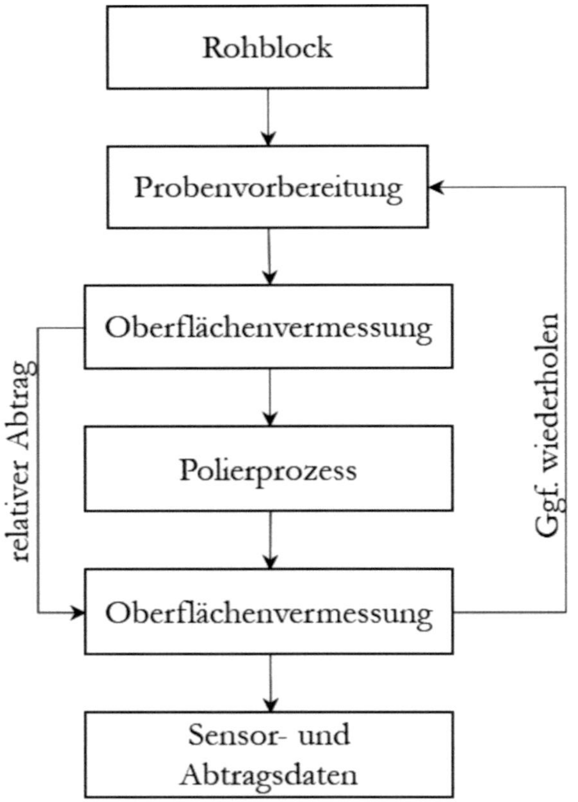

Abbildung 4-1: Prozesskette zur Datengewinnung aus der Politur

Damit der Relativabtrag mit dem Laserinterferometer gemessen werden kann, wird nicht die komplette Linse, sondern nur ein Teilbereich poliert (Abbildung 4-2, rechteckiges Feld). Am Rand des polierten Teilbereichs wird weniger Glas abgetragen, da sich die Bahnspuren durch die Randposition in geringerer Anzahl überlagern (Abbildung 4-2, viereckiger Rand). Randeffekte in der Politur werden in der Wissenschaft als eigenständiges Forschungsthema behandelt [Wal12, Li13] und spielen in der vorliegenden Arbeit, aufgrund der Komplexität, keine Rolle. Für das Machine learning werden nur Sensordaten verwendet, die innerhalb des weitgehend konstanten Abtrages liegen. Die Breite der Randzone hängt vorrangig von der Werkzeugbreite und der Normalkraft ab. Der Randeffekt kann durch Nachregelung des Polierdruckes über die gesamte Werkstückgeometrie oder durch Verweilzeitoptimierung vermieden werden. Erkennbar auf dieser Abtragsmessung ist der Defokussierungsfehler als dunkler Kreis hinter dem Abtragsfeld. Der Einfluss wird im Unterkapitel Fehlerabschätzung detailliert diskutiert.

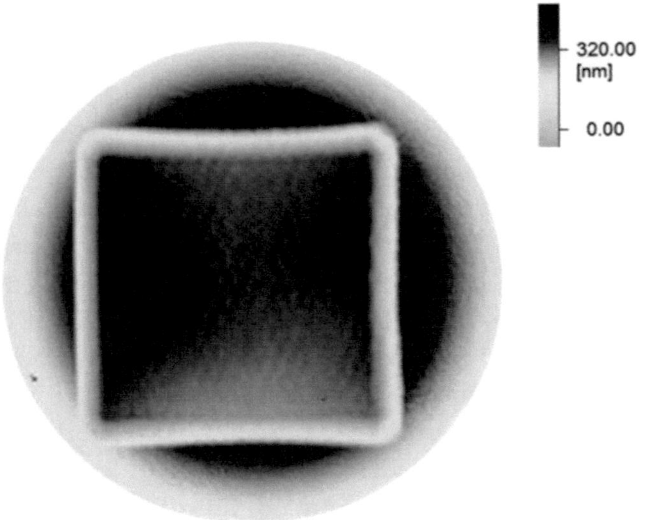

Abbildung 4-2: Randeffekt des quadratischen polierten Feldes (50 x 50 mm) auf einer Planprobe

4.2 Messtechnik

Measuring device

Für berührungsloses Vermessen von optischen Oberflächen kann ein Fizeau-Interferometer verwendet werden, das die optische Weglänge (OPL, *engl.* Optical path length) zwischen einer Referenzfläche, auch Fizeau-Oberfläche genannt, und der Werkstückoberfläche misst. Als Lichtquelle dient eine kohärente, monochromatische Lichtquelle [Bid69, Mal07, Gro12].

Für die Korrekturpolitur wird eine Messmethode mit hoher Wiederholgenauigkeit benötigt. Die Oberfläche sollte in einem Schritt vermessen werden, um Berechnungsfehler an den Grenzen einzelner, gestückelter Einzelbilder zu vermeiden. Einflüsse aus dem Labor sollen vernachlässigt werden können. Vor diesen Problemen stand in den 90ern Jahren die Firma CARL ZEISS und entwickelte die DMI-Methode (Direct-Measurement-Interferometry-Methode) [Dör01]. Das primäre Hauptziel war eine Messmethode, die sowohl unter Laborbedingungen als auch direkt in der Produktion eingesetzt werden kann. Die Wiederholgenauigkeit sollte ein Zehntel der Wellenlänge ($\lambda/10$) betragen [Fre90]. Aus diesen Vorgaben entstand das Fizeau-Laser-Interferometer DIRECT 100 (*kurz:* D100), welches sich auch für die direkte Fertigungsumgebung eignet. Das Fizeau-Interferometer verfügt über einen HeNe-Laser mit einer Wellenlänge von 633 nm. Als Detektor dient eine CCD-Kamera (*Charge-Coupled Device*, dt. ladungsgekoppeltes Halbleiterelement) mit einer Auflösung von 2.048 x 2.048 Pixel. Der Aufbau besteht aus einem Kollimator mit einem Durchmesser von 6“ (entspricht Ø152,4 mm) und einem Linsensystem. Durch diesen Aufbau und den speziellen Mess-Algorithmen ist die Qualität der Messungen nicht direkt von der

Oberflächengüte der Linsen des Messaufbaus abhängig [Kue90b, Gro12].

Bei der Interferometrie werden durch konstruktive und destruktive Interferenzen des Lichts Oberflächenprofile rückgerechnet. Diese Interferenzen sind üblicherweise bei der Messmaschine in einer Interferenzdarstellung zur Justage des Messobjektes sichtbar. Die Interferenzmuster erfolgen auf Grundlage einer Referenzmessung. Im Vergleich zu anderen Interferometern können dadurch beim späteren Messen viele einzelne Messungen innerhalb kurzer Zeit gemittelt werden. Durch die Mittelwertbildung mehrerer Einzelmessungen werden zufällige Fehler (Vibrationen, Luftschwankungen, Temperaturschwankungen) herausgerechnet. Mit dem D100 können bis zu 32.000 Messungen/Stunde bei einer Messfrequenz von bis zu 25 Hz aufgenommen werden. Die Messungen werden als Falschfarbenbild dargestellt [Kue02].

Vor und nach dem Polieren wird die Werkstückoberfläche der Glaskeramik messtechnisch erfasst, mehrmals gemessen und anschließend gemittelt. Von den gemittelten Messungen werden die Zernike-Fringes abgezogen. Aus den beiden gemessenen Oberflächen wird der Relativabtrag des Polierschrittes berechnet und somit können mit einer Probe mehrere Polierversuche sequenziell durchgeführt werden.

Ist die Oberflächenrauheit größer als die Wellenlänge des Lasers, ergeben sich zwei Schwierigkeiten: erstens das Specklemuster des Lasers ist sichtbar und überdeckt die makroskopischen Interferenzen und zweitens streut die raue Oberfläche das Licht zu stark, sodass eine hohe Laserleistung benötigt wird, um ausreichend Licht am Detektor zu erhalten. Daher muss die Ausgangsoberfläche vorpoliert sein [Kue90a].

Die Formabweichung der vorpolierten Sphären beträgt zwischen 0,6 und 2,5 µm. Mit steigender Anzahl an Polierversuchen auf der konkaven Probe steigt der Defokussierfehler (Messfehler) auf bis zu 400 nm an. Auf diesen Messfehler wird im Kapitel 6.2 »Fehlerabschätzung« detailliert eingegangen.

Rauheitsmessungen werden mit dem Weißlichtinterferometer (WLI) ZYGO NEWVIEW 9000 gemessen [Zyg20]. Mithilfe der bekannten Wellenlänge der Lichtquelle und den destruktiven und konstruktiven Interferenzen kann die Oberfläche optisch vermessen werden. Rauheitsmessungen dienen bei den durchgeführten Versuchen nicht der Validierung. Für Bewertung, ob das Glaswerkstück auf dem D100 vermessen werden kann oder für die Bewertung von aufgebrachten Polierstrukturen, kommen WLI-Messungen zum Einsatz. Die vorpolierten Glasproben haben für die Polierversuche eine Rauheit von weniger als 9 nm (Sa-Wert).

4.3 Sensoren- und Aktoren-Auswahl
Sensors and Actuators Selection

Im folgenden Abschnitt wird auf die Konstruktion des Polierkopfes und der Auswahl an Sensoren und Aktoren eingegangen. Diese bilden die Grundlage für die spätere Erfassung der Versuchsdaten, mit denen das Machine learning Modell trainiert wird. Haben die einzelnen Versuchsdaten eine hohe Divergenz, können die trainierten Algorithmen den realen Prozess nicht präzise abbilden. Die Auswahl der Sensoren für die Datenerfassung der Trainings- und der Validierungsdaten kann daher nicht akzidentiell erfolgen. Die Konvergenz der Prozessdaten sollte minimiert werden, um die Allgemeingültigkeit der Algorithmen auf den betrachteten Prozess zu gewährleisten. Aus diesem Grund kommen am Roboterpolierkopf hochdynamische und präzise Antriebselemente und Führungen zum Einsatz.

Zuverlässige Daten der Glaspolitur bilden die Grundlage für die Prozessoptimierung und die wissenschaftliche Prozessbeobachtung. Durch den Einsatz einer SPS-Steuerung werden alle Sensordaten automatisch, wiederholbar und zeitgleich ausgelesen. Die Daten werden in einer Datei gespeichert und offline ausgewertet, können aber auch in Echtzeit online dargestellt werden. Dies ermöglicht dem Maschinenbediener auf aktuelle Ereignisse zu reagieren und um einzelne Parameter im Prozess anzupassen. Jeder Datensatz erhält einen Zeitstempel des Auslesezeitpunktes t_i. Durch Bahnplanung verfügt jeder Punkt (Koordinatensatz), welcher der Roboter auf der Glasoberfläche anfährt, ebenfalls über einen Zeitstempel t_i. Da beide Zeitstempel mit $t = 0$ beginnen, kann über den gleichen Zeitstempel

$t_{i\ Roboter} = t_{i\ SPS}$ jedem Sensordatensatz ein Bahnpunkt auf der Oberfläche zugeordnet werden. Die geometrische Zuordnung von Roboter zu Glaswerkstück geschieht über ein Nullpunktspannsystem. In Abbildung 4-3 ist eine solche Zuweisung von Sensordaten (*hier:* eine Anomalie auf den Sensordaten) auf einer Position auf der Glasoberfläche ersichtlich. Das Nullpunktspannsystem hat eine volumetrische Wiederholgenauigkeit von ± 2 µm und wird auf allen Maschinen, die im Rahmen dieser Forschungsarbeit Verwendung finden eingesetzt [Ero19].

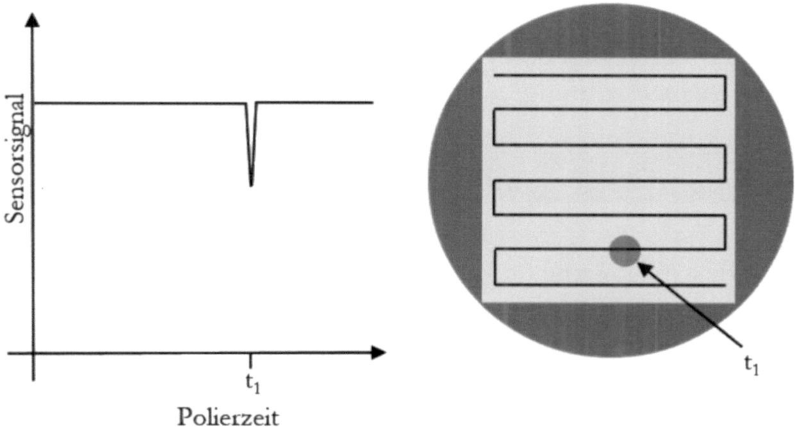

Abbildung 4-3: Zuweisung von Sensorsignalen einer Position auf dem Glaswerkstück

Artefakte der Sensordaten (links) zurückführbar auf Messwerte (rechts);
dunkelgrau: Glaswerkstück; hellgrau: poliertes Feld

Alle modalen Prozessparameter werden nach Möglichkeit über direkte Messmethoden erfasst (siehe Tabelle 4-1). Der Eingriff in den Prozess und die damit einhergehenden konstruktiven Änderungen der herkömmlichen Polierköpfe müssen minimiert werden. Damit ist ein Vergleich der Ergebnisse mit dem herkömmlichen Polierprozess ohne Sensoreinsatz möglich. Die verwendete Abtastrate ist die maximal mögliche Frequenz: das Hinzufügen oder Entfernen von Sensoren und Aktoren am Versuchsaufbau verringert bzw. steigert die maximal mögliche Abtrastrate. Die Abtastrate in den Versuchen liegt bei ungefähr 15 Hz. Die verwendeten Sensoren sind tabellarisch in Tabelle 4-1 und zusammen mit der SPS schematisch in Abbildung 4-4 dargestellt.

Tabelle 4-1: Verwendete Sensoren und ihre Merkmalsbezeichnung

Sensor/Messgröße	Bezeichnung Merkmal	Einheit
Beschleunigung (4x)	PtPX RMSX PtPY RMSY	m/s^2
Dichte	fluid_density	g/cm^3
Drehzahl	rpm_NC	min^{-1}
Drehmoment	torque_NC	Nm
Motorstrom	current_NC	A
Motortemperatur	Motortemp	°C
Neigung X-Achse	tiltX	°
Neigung Y-Achse	tiltY	°
Normalkraft	Force	N
pH-Wert	pH_fluid	-
Polierflüssigkeitstemperatur (2x)	fluid_temp fluid_temp2	°C

Im Anhang findet sich eine detaillierte Auflistung der Sensoren: u. a. ihrer Produktbeschreibung mit dem jeweiligen Messprinzip, dem Messbereich und der Genauigkeit.

Der erste näher betrachtete Sensor ist der **Beschleunigungssensor**. Vibrationen und Lagerfrequenzen werden in der Prozesstechnik mittels dieses Sensortyps (Körperschall- und Luftschall) detektiert. Prozessfremde Geräusche, Abschattungen und Auswahl der Messpunkte sind Herausforderungen für Luftschallsensoren. Die energiearmen Schallemissionen von Wälzlagerschäden werden durch den Polierprozess überlagert. Körperschallsensoren können am Prozesskopf oder am Werkstück befestigt werden. Im Gegensatz zur Abtastrate der anderen Sensoren liegt sie bei Beschleunigungssensoren (~15 kHz) um ein Vielfaches höher, um das komplett benötigte Frequenzspektrum detektieren zu können [Klo04]. Durch die hohe Abtastfrequenz können die Daten nicht direkt mit der SPS verarbeitet werden und müssen vorverarbeitet werden. In Folge von mechanischen Oberflächenunregelmäßigkeiten oder Mangelschmierungen können anormale Betriebszustände entstehen. Lagerschäden kommen durch Beschädigungen der Laufflächen u. a. durch Poliermittel im Lager oder durch zu viel Lagerspiel zustande. Die Vibrationen sollten auch auf der Werkstückoberfläche detektiert werden können. Verglichen mit anderen Fertigungsprozessen gibt es bei der Roboterpolitur anregende Elemente wie z. B. Motor, Getriebe und Roboter und dämpfende Elemente u. a. Riementrieb, pneumatischer Hubzylinder und der Elastomergrundkörper der Polierräder. Dies erschwert die Detektion von spezifischen Lagerfrequenzen. Die Frequenzen von Systemkomponenten wie Riementrieb, Lager oder Getriebe können theoretisch berechnet und in den detektierten Frequenzen validiert werden. Vorversuche zeigten, dass sich ausschließlich Lagerschäden in Lastrichtung der zu bearbeitenden Werkstückoberfläche detektieren lassen. Bei Beschleunigungssensoren spielt die Anbringung (u. a. Schrauben, Magnetisch, Kleben, Bienenwachs) eine entscheidende Rolle. Für den vorliegenden Fall werden piezoelektrische Beschleunigungssensoren verwendet. Jeder Vibrationssensor verfügt über drei kartesische Messachsen und in der Standardversion über die Fähigkeit die Temperatur zu messen. Insgesamt können vier Werte je Sensor per Bus-Leitung gemittelt an die SPS gesendet werden. Der Sensor liefert zwei Peak-to-Peak-Amplituden (PtP) und zwei quadratische Mittel (RMS) Sensorsignale. Aus diesen beiden Werten kann der Scheitelfaktor (*engl.* Crest-Factor) wie folgt berechnet werden:

$$\text{Scheitelfaktor (Crest-Faktor)} = \frac{\text{Amplitude (PtP)}}{\text{Quadratisches Mittel (RMS)}}$$

Befindet sich das Lager in einem einwandfreien Zustand, bleiben PtP und RMS konstant. Setzt die Abnutzung ein, steigen der Amplitudenwert und der Crest-Faktor an, der RMS bleibt konstant. Werden die Schäden auf der Lauffläche größer, erhöht sich der RMS-Wert, der Amplitudenwert bleibt konstant und der Crest-Faktor sinkt. Erfahrungsgemäß liegen der Anfangs- und der End-Crest-Faktor nahe beieinander. Dies erschwert eine Beurteilung des Zustandes eines unbekannten Lagers. Zur Beurteilung der Messwerte werden in Vorversuchen wiederholbare Lagerschäden, wie Frässchäden auf der Lauffläche, verrostete oder mit Poliermittel zugesetzte Lager eingebaut. Der Beschleunigungssensor dient vorrangig der Beurteilung des Polierkopfes, der Schadensvorhersage bzw. zur Datenanalyse. Das Machine learning Modell nutzt darüber hinaus die Sensordaten.

Ein **Dichtesensor** wird zur Bewertung der Stabilität der Poliersuspension verwendet. Die Dichte ist ein Maß für die Masse des Poliermittels in der Poliersuspension. Im Verlaufe der Politur setzen sich Polierkörner ab, agglomerieren, Glasabrieb in der Suspension nimmt zu und/oder Wasser verdunstet und dadurch verändert sich die Zusammensetzung der Polierflüssigkeit. Im Gegensatz zu den anderen Sensoren liefert dieser Sensor ausschließlich Relativwerte. Zu Beginn ist die Suspension ein Zwei-Stoff-System (Ceriumoxid und Wasser) und wird mit dem Glasabtrag ein Multi-Stoff-System (Ceriumoxid, Glasbestandteile und Wasser). Dadurch gibt es unendlich viele mathematische Lösungen, um aus der Dichte die Zusammensetzung zu bestimmen.

Ein weiterer Sensor misst die **Drehzahl** und das **Drehmoment** des asynchronen Motors. Im industriellen Polierkopf erfolgt die Ermittlung der Drehzahl über einen induktiven Sensor und im Laborversuchspolierkopf intern im Motor. Das Drehmoment wird aus der Drehzahl und dem Motorstrom berechnet. Zwischen Motor und Polierpad befindet sich üblicherweise noch ein Riemengetriebe mit Übersetzung, sodass in einem ersten Vorversuch zusätzlich noch ein Drehzahl- und Drehmomentsensor am Polierpad verwendet wurden. Bei diesem Versuchsablauf wurde auf den zusätzlichen Sensor verzichtet: eine konstruktive Anpassung des Polierkopfes für diesen Sensor erhöht die Trägheit und vergrößert den räumlichen Aufbau. Die Bauform des Drehmomentsensors erfordert zusätzlich ein Getriebe. Im zweiten Polierkopfaufbau wurde der Motor nahe an das Polierrad verbaut, lediglich ein Riemen dient als Kraftübertragung. Dieser Schritt verbessert die Stabilität des Polierkopfes nachhaltig, dafür kann der Schlupf und der Wirkungsgrad nicht mehr direkt gemessen werden.

Die Leistung des rotatorischen Motors lässt sich durch den **Motorstrom** und die **-spannung** abbilden. Diese hängen von der Regelung des Motors ab und lassen sich üblicherweise am Motor auslesen. Ist eine solche Motorschnittstelle vorhanden, können beide Werte über digitale Multimeter ermittelt werden. Bei einem asynchronen Motor ist die Spannung konstant (*hier*: 48 V). Als weiterer Prozessparameter wird die **Motortemperatur** durch ein extern angebrachtes PT100 Thermoelement gemessen.

Am Polierkopf kommt ein **Neigungssensor** mit zwei Messachsen zum Einsatz. Mit diesem Sensor können Einmessfehler des Roboters und bei gekrümmten Werkstücken die positionsgenaue Neigung gemessen werden.

Beim chemo-mechanischen Polieren findet auch ein chemischer Glasabtrag statt. Im Vergleich zur Relativgeschwindigkeit bzw. der Normalkraft, sind chemische Prozessparameter wie pH-Wert noch nahezu unerforscht. Durch die Wiederverwendung der Poliersuspension für verschiedene Glaswerkstücke, reichert sich abgetragenes Glas bzw. Ionen in der Flüssigkeit an. Die Stabilität der Poliersuspension wird durch den pH-Wert definiert. Da der pH-Sensor die Konzentration von OH^--Ionen potentiometrisch misst und diese temperaturabhängig ist, besitzt der **pH-Sensor** einen **Temperaturfühler** (PT1000). Der Sensor besteht aus Glas und wird daher ebenfalls, in einem geringen Maß als das Glaswerkstück, von der Poliersuspension chemisch angegriffen. Die hier betrachtete LAS-Glaskeramik ist in ihrer Zusammensetzung basisch, daher steigt der pH-Wert mit fortschreitender Politur an. Poliermittel sind für einen bestimmten pH-Wert optimiert, bei dem der Abtrag maximal ist [Abi05], bei Opalinen ist dies typischerweise 8. Der pH-Wert gibt Auskunft über das Absetzverhalten und die Agglomeration der Poliersuspension [Dör94]. Ein niedriger pH-Wert führt zu einer höheren Rauigkeit und ein zu hoher pH-Wert zu Beschlag auf der optischen Oberfläche. Der pH-Sensor gibt Auskunft über die Stabilität der Poliersuspension [Bec09].

Am Polierkopf ist in der Z-Achse ein **Kraftsensor** verbau, der zur Aufnahme der Polierkraft des Polierpads auf die Glasoberfläche dient. Mit diesem Sensor können Aussagen über die Reibkräfte im Polierspalt getroffen werden. Bisher wurde die Normalkraft des Polierkopfes auf einem speziellen Teststand oder statisch auf einer Waage eingestellt. Die Normalkraft divergiert jedoch vom dynamischen bzw. rotierenden Zustand [New10]. Beim Kraftsensor ist darauf zu achten, dass nur vertikale und keine lateralen Kräfte auf den Sensor wirken und aufgenommen werden.

Ein weiterer ermittelter Wert ist die **Laufzeit des Polierkopfes**, er erlaubt Rückschlüsse auf die Standzeit und den Zustand der Wälzlager. Bei temporären Versuchen wurden noch weitere Sensoren in den Aufbau miteinbezogen und dienten der messtechnischen Erfassung einzelner spezifischer Zielstellungen. Einer der spezifischen Sensoren ist ein **Konfokalsensor**. Mit ihm wird der Materialabtrag und die Rekondensation auf der Glasoberfläche in-situ beobachtet. Der Sensor misst über chromatische Aberration mit einer hohen Auflösung von wenigen nm. Der Messbereich der z-Achse beträgt ca. 15 mm bei einer Auflösung von 100 nm [Mic20]. Für die Messung durch das Glaswerkstück muss die Unterseite ebenfalls durchpoliert werden.

Die messtechnisch erfassten Parameter werden im Zusammenhang mit Machine learning und Neuronalen Netzen **Merkmale** genannt. Es wird in dieser Arbeit zwischen aktiven und passiven Merkmalen unterschieden. Aktive Merkmale können zur Prozessregelung und passive ausschließlich zur Datengenerierung genutzt werden.

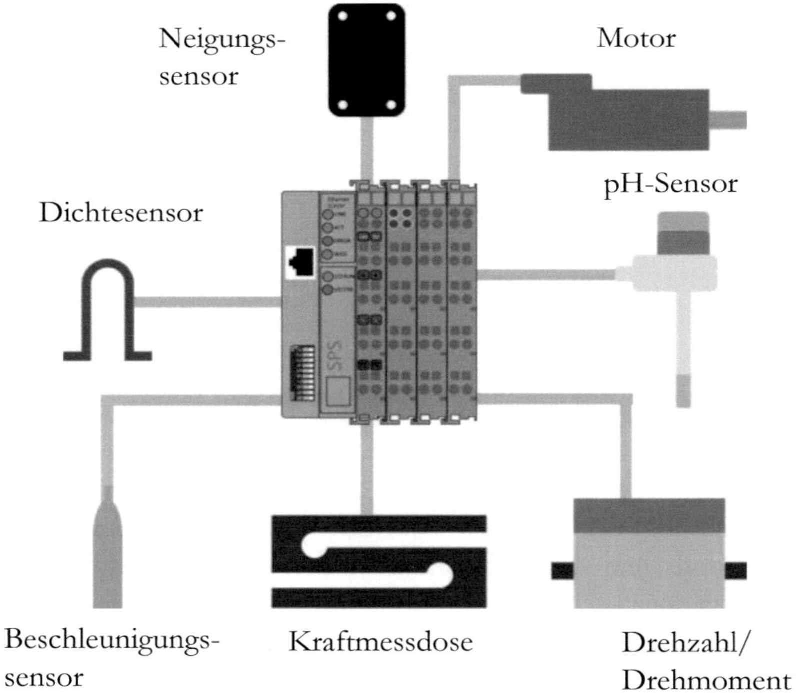

Abbildung 4-4: Schematische Darstellung der SPS mit den Aktoren und Sensoren

4.4 Versuchsvorbereitung
Trial preparation

Vor der Verwendung als Probenstücke werden die zu bearbeitenden Oberflächen vorkonditioniert. Dies ermöglicht ein Bestimmen des Abtrags mit dem Laserinterferometer. Für die Vorversuche wurden Planproben und für die Hauptversuche wurden plankonkave Optiken verwendet. Im Auslieferungszustand weisen die Rohblöcke durch den Sägeschnitt eine raue Oberfläche auf. Die Planproben werden in einem ersten Läppschritt mit den Polierkörnern *ABRALOX* E220 (mittlere Korngröße 80 µm) und anschließend mit PLAKOR 9 (mittlere Korngröße zwischen 8.5 - 11 µm) vorpoliert. Abralox ist Aluminiumoxid, u. a. anteilig mit ca. 3 % Titanoxid, ca. 1 % Siliziumoxid und ca. 0,15 % Eisenoxid, und verfügt über einen blockigen Aufbau bei scharfen Kanten. Bei Plakor handelt es sich ebenfalls um Aluminiumoxid mit einer Reinheit von über 99 % bei einem Verhältnis von Kornlänge zu Breite von 1:5 [Pie20]. In einem weiteren Polierschritt wird die Zieloberfläche für die Polierversuche mit Opalinen (Ceriumoxid mit einer mittleren Korngröße von 1 µm) erreicht.

Als Versuchsoptik wird eine plankonkave Zerodurlinse mit einem Durchmesser von 150 mm bei einem Krümmungsradius von 535,4 mm und einem Öffnungswinkel von 15,67° verwendet. Die Versuchssphäre ist schematisch in Abbildung 4-5 dargestellt. Die plankonkave Form wird in mehreren iterativen Schleifschritten mit einer HSC Fräsmaschine RÖDERS RXP DS 500 mit Schleiföloption hergestellt. Es werden galvanisch besetzte Diamantschleifstifte mit den Körnungen D76, D126 und D151 nacheinander verwendet. Entgegen den üblich verwendeten

Schleifmaschinen, verfügt die Fräsmaschine über eine starre Kinematik, das bedeutet, dass die Spindel mit ihrem vollen Bearbeitungsgewicht und unnachgiebig auf die Glasoberfläche drückt. Bei Schleif- bzw. Poliermaschinen wird das Werkzeug üblicherweise über die z-Achse mit einem definierten Druck elastisch auf die Oberfläche gedrückt. Beim Anpolieren der Optik sind daher die hohe Anzahl und die Größe der Tiefenschädigungen mit bloßem Auge erkennbar. Diese müssen ebenfalls bei den nachfolgenden Polierschritten entfernt werden. Die Aluminium-Polierschalen werden ebenfalls auf der Fräsmaschine gefertigt, anschließend mit Polierbelag LP 66 beklebt und in einem weiteren Frässchritt wird die Form konditioniert. Der Polierbelag ist identisch mit dem des Roboter-Polierwerkzeuges und beinhaltet als Füllstoff Ceriumoxid. Er hat eine Dichte von 0,3 - 0,5 g/cm^3 bei einer Shore-Härte D (Durometer) von 26 [Pie20]. Die Polierschalen für die Planproben werden mittels diamantbesetzter Konditionierplatten abgerichtet. Anschließend wird mit je einer Polierschale pro Poliermittel die Glaswerkstücke durchpoliert. Aufgrund der Relativmessungen des Abtrages können auf einer Probe bis zu zehn Versuche (Planprobe) bzw. drei Versuche (Plankonkave) durchgeführt werden, bevor die Proben in den Ausgangszustand zurückgesetzt werden müssen. Nach dem Vorpolieren der Proben haben die Versuchsteile eine Rauheit von kleiner 9 nm (Sa-Wert). Die WLI-Messungen der verschiedenen Bearbeitungszustände sind in Abbildung 4-6 sichtbar.

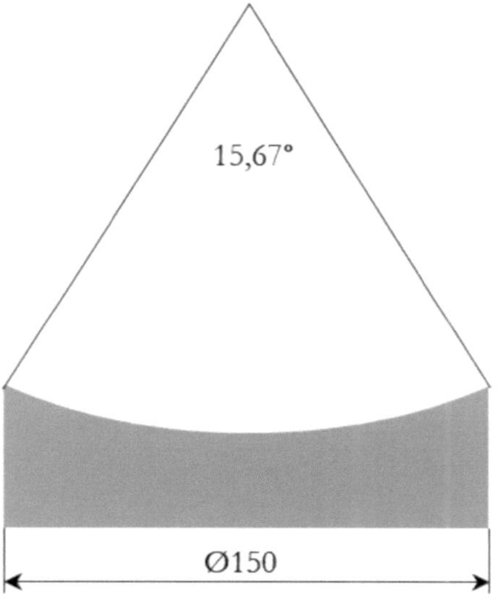

Abbildung 4-5: Schematische Darstellung der plankonkaven Versuchssphäre

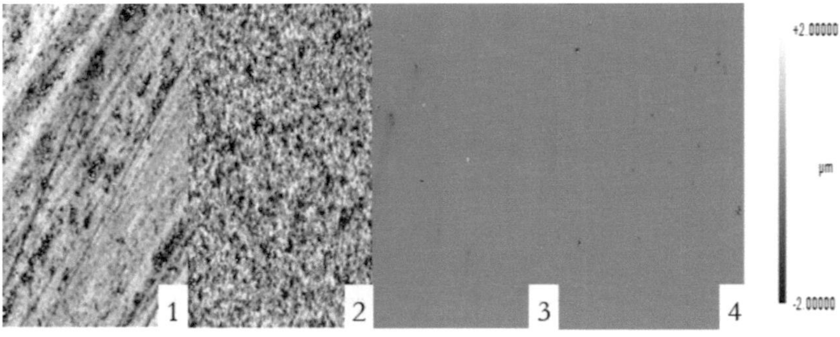

Abbildung 4-6: Weißlichtinterferometeraufnahmen der einzelnen Probenvorbereitungsschritte

Messfeldgröße: 1,5 x 1,5 mm, Filter: Abzug der Sphäre, Bilder lateral beschnitten

1. Gesägte Oberfläche (Ra-Wert: 740,02 nm)
2. mit E220 geläppte Oberfläche (Ra-Wert: 872,84 nm)
3. mit Plakor 9 polierte Oberfläche (Ra-Wert: 22,31 nm)
4. mit Opalinen vorpolierte Oberfläche (Ra-Wert: 8,74 nm)

4.5 Programmierung
Programming

Für die Fertigung der Linse bzw. für die Steuerung der Maschinen werden individuelle Programme in der jeweiligen Programmiersprache erstellt. Zum Schleifen der Linse wird mittels der CAD/CAM Software AUTODESK POWERMILL der G-Code für die Fräsmaschine RÖDERS RXP 500 DS erstellt. Die SPS zur Regelung des Polierkopfes und zum Auslesen der Prozessparameter wird mit der Herstellersoftware BECKHOFF TWINCAT programmiert. Die Bahnplanung des Industrie-Sechsachsroboters erfolgt in der Programmiersprache RAPID der Firma ABB. Der Roboter wird über die laboreigene verweilzeitoptimierte CAM Software ZAPHOD offline programmiert [Maz12].

Python ist eine höhere Programmiersprache, d. h. durch die Abstraktion und Komplexität des Programms müssen die Befehle in Maschinensprache übersetzt werden. Python ist eine objektorientierte und funktionale Programmiersprache. Python wurde 1989 von Guido van Rossum am CENTRUM WISKUNDE & INFORMATICA in Amsterdam begonnen. Die weitere Programmierung wird durch die Non-Profit-Organisation PYTHON SOFTWARE FOUNDATION koordiniert [Wei13]. Der Quellcode der vorliegenden Arbeit wird in der Open-Source-Software **JupyterLab** der Non-Profit-Organisation PROJECT JUPYTER geschrieben. Der Name des Interpreters bezieht sich auf die drei wesentlichen Programmiersprachen Julia, Python und R.

Das Netz wird in der Programmiersprache Python mit Hilfe der Deep-Learning Bibliothek Keras entwickelt [Cho15]. Zu Beginn werden eine schlichte Netzarchitektur und gebräuchliche

Trainingsparameter verwendet. Das Modell wird schrittweise durch verschiedene Algorithmen optimiert und nach jeder Phase evaluiert. Weitere Methoden zur Verarbeitung der Daten werden angewendet, um die Leistung des Modells zu verbessern. Neben der zufälligen Hyperparametersuche stehen verschiedene Bibliotheken und Werkzeuge zur Verfügung, welche die Suche teilweise automatisieren [Fra19]. Die Python Bibliothek *Hyperopt* liefert zuverlässige Ergebnisse in der Optimierung. Die Bibliothek *Hyperas* integriert *Hyperopt* und ermöglicht die Verwendung innerhalb von Keras-Modellen [Cho15].

4.6 Versuchsplan
Design of Experiment

Die statistische Versuchsplanung (*engl.* Design of Experiment, kurz: DoE) ist ein Verfahren zur Analyse von technischen Systemen. Mithilfe von statistischen Versuchsplänen soll mit möglichst wenigen Einzelexperimenten der Zusammenhang zwischen mehreren Einflussfaktoren (z. B. Drehzahl und Normalkraft) und einzelnen Zielgrößen (z. B. Materialabtrag) möglichst präzise ermittelt werden. Im Gegensatz zur herkömmlichen Vorgehensweise, bei der in jeder einzelnen Versuchsreihe jeweils nur eine Einflussgröße variiert, können bei der statistischen Versuchsplanung mehrere Einflussgrößen gleichzeitig verändert werden. Zur Erstellung des DoE wird die kommerzielle Software für statistische Versuchsplanung *Design-Expert* der Firma STAT-EASE verwendet [Sta20]. Die Software findet Anwendung in der Optimierung von Prozessparametern und dient bei den folgenden Versuchen zur Überprüfung und Absicherung des Machine learning Modells. Die

Verwendung eines Versuchsplans bringt eine Struktur in die Versuchsreihenfolge und der Auswahl der Prozessparameter. Um die Anzahl der Versuche zu reduzieren, wird ein teilfaktorieller Versuchsplan verwendet, z. B. bei begrenzten Ressourcen oder für Versuchspläne mit einer hohen Anzahl an Faktoren, da weniger Durchläufe als bei einem faktoriellen Versuchsplan anfallen [Min19]. Die Anzahl der Faktoren legt beim Box-Behnken Design die Anzahl der Experimente fest. Das Versuchsplan-Modell kommt vor allem dann zum Einsatz, wenn Extremeingangsparameter nicht in einem faktoriellen Entwurf gemessen werden können. Das Design kann um den Zentrumspunkt rotiert, die Ecken können daher vernachlässigt und Extremparameter vermieden werden [Esb18]. Das Box-Behnken Design eignet sich für 3 bis 21 Faktoren. Wegen der hohen Leistung des Polierkopfes und der Brandgefahr für die Polierfolie wird der Versuchsplan im laufenden Prozess angepasst, sodass er nicht mehr einem Box-Behnken Design entspricht. Die Anzahl der Parameter und die Randbedingen sind jedoch identisch. Als Eingangsfaktoren dienen die regelbaren Parameter Drehzahl (1/min), Normalkraft (N) und die Polierzeit (min) der zu bearbeitenden Fläche. Das bedeutet 17 Versuche bei 3 Eingangsgrößen. Als Zielgröße dient der Materialabtrag (mm^3). Die Versuchsparameter sind in Tabelle 4-2 dargestellt. Im Vergleich zur Minimierung der Oberflächenrauheit beim Polieren durch bekannte Anpassung der Prozessparameter, stellt die Maximierung des Materialabtrags eine größere Herausforderung dar. Aus diesem Grund wird die Maximierung des Materialabtrags als Zielgröße gewählt. Um systematische Fehler (u. a. externe Vibrationen, Temperaturschwankungen) auf die einzelnen Versuche zu minimieren und damit einhergehende Korrelationen zu vermeiden, werden die Versuche in zufälliger Reihenfolge durchgeführt [Box90].

Es wird ein Rechteck-Mäander mit der Größe von 80 x 80 mm poliert. Der Punktabstand beträgt in x-Richtung 1 mm und der Bahnabstand 0,4 mm. Die Dichte der Poliersuspension wird vor der Versuchsdurchführung mit einem Aerometer gemessen und auf 1,052 g/cm^3 eingestellt. Der pH-Wert wurde zu Beginn der Versuche auf 8,55 mol/l durch Konditionierung eingestellt. Durch Verwendung eines Kugelwerkzeuges entsprechender Größe ist der Polierfolienverschleiß vernachlässigbar.

Tabelle 4-2: Auflistung der Versuchsparameter

Parameter	Einheit	Unteres Limit	Oberes Limit
Drehzahl	min^{-1}	50	800
Normalkraft	N	10	15
Polierzeit	min	10	60

Die Vorteil der statistischen Software gegenüber dem Machine learning Modellen sind die bekannten Algorithmen im Hintergrund. Die Software bekommt für alle jeweilige Versuche die identischen und statischen Parameter ohne prozessbedingte Schwankungen. Das Machine learning Modell reagiert auf temporäre Schwankungen im Prozess und kann sich darauf anpassen.

4.7 Datenaufbereitung
Data preparation

Die Sensordaten werden von der SPS in eine CSV-Datei (Comma seperated Values, dt. Komma separierte Daten) gespeichert und offline aufbereitet, um anschließend zum Trainieren des Machine learning Modells genutzt. Im vorliegenden Fall beschreibt der Begriff Datenaufbereitung die Transformation der Rohdaten in einen Datenrahmen. Die Daten liegen in einer tabellarischen Struktur vor und weisen das gleiche Datenformat wie die öffentlichen Machine learning Datensätze der UCI Datenbank der University of Massachusetts Amherst auf [UCI20]. Die überwiegende Mehrheit der Machine learning Grundgerüste weisen Schnittstellen für Dateien dieser Datenbank auf. Die Datenaufbereitung ist, neben dem Trainieren des Machine learning Modells, der zeitaufwändigste Schritt zum Erreichen intelligenter Algorithmen. Die auf Machine learning spezialisierte Firma FIGURE EIGHT befragt jährlich Spezialisten auf diesem Arbeitsfeld und laut dieser Umfrage wird 60 % der Arbeitszeit zum Aufbereiten der Rohdaten benötigt [Cro16].

Die Aufbereitung der Messdaten des Abtrages werden mit der laboreigenen Software ZAPHOD durchgeführt. Diese Software ist auf die verweilzeitgesteuerte Politur optimiert. Im ersten Schritt werden die Abtragsdaten beschnitten, anschließend Ausreißer eliminiert, die außerhalb des 1,5-fachen der Standardabweichung liegen. In einem weiteren Schritt werden die Punkte in einem äquidistanten Abstand berechnet und der maximal Wert auf 0 gesetzt. Dadurch kann der Volumenabtrag berechnet werden. Dieser wird für die Auswertung des Versuchsplans mit der statistischen Software benötigt. Durch Triangulation wird aus diesen Punkten zum Schluss die geschlossene Fläche berechnet. Die Datenvektorisierung ist die Umwandlung von Eingangs- und Zielparameter in Tensoren. Die Eingabeparameter liegen bereits als Fließkommazahltensoren vor. In der vorliegenden Arbeit ist der Materialabtrag der Zielparameter: mit der Projektion der Roboterbahnspur auf die 3D-Oberfläche kann jedem Sensorwert ein Abtrag zugewiesen werden. Letzteres wird als Zielparameter für das Machine learning verwendet. Anfahr- und Wegfahrwege des Polierkopfes werden für die weitere Berechnung nicht berücksichtigt. Die Abbildung 4-7 zeigt eine simulierte Falschfarben-Interferometer-Darstellung. Der untere Graph zeigt die auf der Oberfläche projizierte Polierbahn in einer 2D-Darstellung mit einer Polierbahn zwischen den Zeitpunkten t_1 und t_2.

Um die Randeffekte abzumildern, werden die Spitzen auf den Abtragsdaten mit dem ROBUST PEAK DETECTION Algorithmus geglättet. Dieser Algorithmus ist auch als Z-SCORE ALGORITHMUS bekannt. Im Vergleich zu den meisten anderen Algorithmen zur Spitzen-Detektierung wird dieser nur mit drei Parametern initialisiert und weist wenige Einschränkungen auf [Lim19].

Durch den Vorverarbeitungsprozess wird der Lernerfolg und die Vorhersagengenauigkeit des Neuronalen Netzes gesteigert und damit die Performance. Als Vorverarbeitungsoperationen zählen das Normieren, das Skalieren sowie das Standardisieren der Eingangs- und Zielparameter.

Die Eingangsparameter sollen eine bestimmte Konstanz vorweisen, um dem NN das Lernen zu vereinfachen. Ist dies nicht der Fall, kann es zu umfangreichen Aktualisierungen des Gradienten kommen, was ein Konvergieren des Netzes erschwert.

Die einzelnen Merkmale sollen eine Standardabweichung von 1 und einen Mittelwert von 0 haben. Damit liegen die Werte aller Eingangsparameter im selben Intervall. Um die Vorhersage eines negativen Abtrages zu vermeiden, wird der Wertebereich der Zielgröße bzw. des Materialabtrages auf einen Wertebereich zwischen 0,15 und 0,85 skaliert [Zhe19].

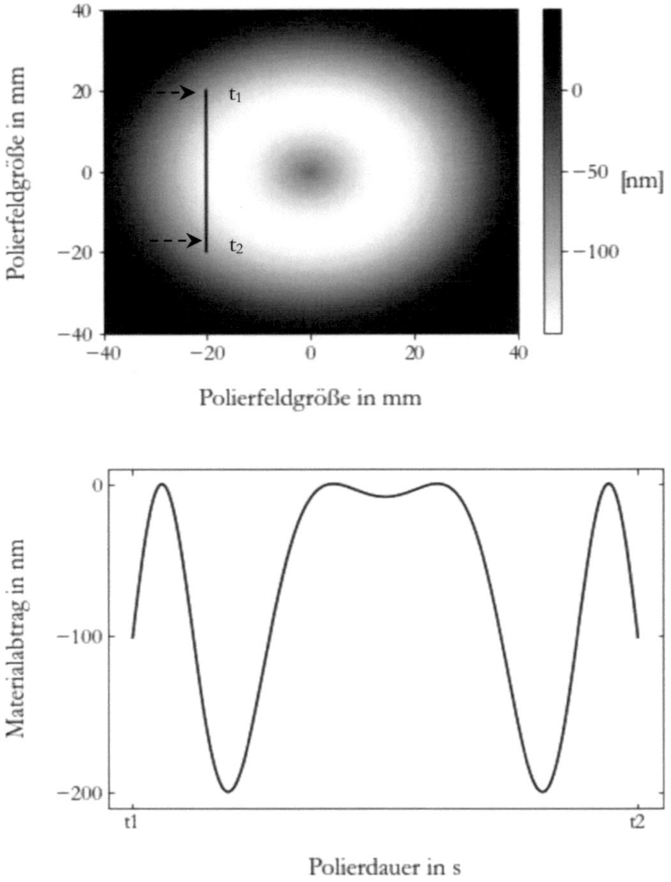

Abbildung 4-7: Projektion einer Polierbahn auf einer simulierten Abtragsmessung (oben); 2D-Darstellung des projizierten und simulierten Abtrages (unten)

4.8 Zusammenfassung Vorgehensweise
Summary Proceeding

Eine Prozesskette vom Glasrohblock zum fertigen Machine learning Datensatz wird dargestellt. Zu Beginn des Kapitels wird auf die verwendete Messtechnik zur Abtragsmessung mit einem Fizeau-Interferometer eingegangen.

Alle verwendeten Sensoren und Aktoren im Polierkopf werden vorgestellt, sowie die Aufbereitung der Glasprobe. Zum Schluss wird die Datenaufbereitung der Rohdaten für das Machine learning beschrieben. Kapitel über die Programmierung und den Versuchsplan komplettieren die Versuchsdurchführung bei der Datengenerierung.

Für die Entwicklung eines NN wurden Versuchsdaten generiert, die eine hohe Varianz aufweisen und zu einem größeren Lernerfolg des Netzes beitragen. Je mehr solche Versuche durchgeführt werden und je breiter das Spektrum der Polierparameter dabei variiert, desto größer wird später die Vorhersagengenauigkeit des Netzes für unbekannte Parametersätze. Zusammengefasst ist die Auswahl eines geeigneten ML-Models, das Einstellen von Hyperparametern und das Training wesentlich komplexer als das Verwenden eines statistischen Versuchsplans [Bou14]. Die Ergebnisse können mit einem DoE nicht im gleichen Detail (z. B. temporäre Divergenzen) dargestellt werden, wie durch ein Machine learning Modell. Durch seine bekannten statistischen Methoden eignet sich ein DoE zur Überprüfung der Modelle und zur Festlegung der Versuchsreihenfolge. Ein physikalisches Modell kann nur durch eine statistische Auswertung erfolgen.

5 Anwendung von intelligenten Algorithmen auf die Glaspolitur
Apply intelligent algorithms to the glass polishing process

5.1 Optimierte Netzarchitektur
Optimised network architecture

Die Suche nach den optimalen Hyperparametern Epoche, Batchsize, Optimierer sowie der Lernrate wird über die Rastersuche realisiert. Tabelle 5-1 zeigt die Auswahl der Parameterwerte. Die übrigen Hyperparameter werden hier als konstant betrachtet. Zum Trainieren kommt ein primitives Basis-Netz mit sinnvollen Parametern und wenigen verdeckten Schichten zum Einsatz. Bei der Batchsize stehen, entgegen der Empfehlung (Batchsize 32 [Gér20]) aus der Literatur, Werte zwischen 64 und 1024 zur Verfügung. Die Epochen sind zwischen 50 und 400 Epochen gestaffelt. Als Optimierer stehen adam, RMSprop und SGD zur Verfügung. Die Lernrate ist in vier logarithmischen Schritten zwischen 0,001 und 1 gestaffelt. Batchsize und Epochen sowie Optimierer und Lernrate werden in einem Schritt gemeinsam optimiert.

Tabelle 5-1: Hyperparameter die über Rastersuche optimiert werden

Hyperparameter	Werte				
Batchsize	64	128	512	1024	
Epochen	50	100	200	300	400
Optimierer	adam	RMSprop	SGD		
Lernrate	0,001	0,01	0,1	1	

Die Ergebnisse sind in Tabelle 5-2 dargestellt. Die Rastersuche liefert eine Batchsize von 64 bei 50 Epochen. Als Optimierer kommt adam, bei einer Lernrate von 0,001 zum Einsatz. Diese Hyperparameter werden im Folgenden als konstant betrachtet und kommen, falls nicht anders erwähnt, zum Einsatz. Batchsize, Optimierer und Lernrate sind damit identisch mit Vorversuchen auf Planproben [Gar19].

Tabelle 5-2: Ausgewählte Netzarchitektur-Hyperparameter

Hyperparameter	Ausgewählter Wert
Batchsize	64
Epochen	50
Optimierer	adam
Lernrate	0,001

Die Optimierung wird durch *Hyperas* durchgeführt, welcher Hyperparameter auswählt und für jede einzelne Schicht eines Netzes festlegt. Das erstellte Netz wird anschließend trainiert und anhand des MSE validiert. Je kleiner dieser Wert ist, desto besser ist das vorliegende Netz. Für eine zuverlässige Validierung wurde der gesamte Datensatz in drei Teile aufgeteilt: dem Trainingsteil (60 %), dem Validierungsteil (20 %) und dem Testteil (20 %). Letzteres ist dem Neuronalen Netz unbekannt und wird für die Evaluierung nach dem Training genutzt.

Ein Neuronales Netz ist nur dann gleichzeitig performant und effizient, wenn die Breite und die Tiefe des Netzes im Verhältnis richtig dimensioniert ist. Es werden fünf Netze mit ein bis fünf verdeckten Schichten separat optimiert. Durch die hohe Anzahl an Parameterkombinationen, können nicht alle getestet werden. Es werden daher Ansätze mit Zufallssuche, im Rahmen begrenzter Iterationen genutzt.

Wie im Vorfeld beschriebenen, werden Aktivierungsfunktionen *ReLU*, *Softplus* und *Sigmoid* verwendet. Die Anzahl der Neuronen ist individuell für jede Schicht: für ein flaches Netz werden üblicherweise weniger verwendet als für ein tiefes Netz. Die für das Training zur Verfügung gestellte Neuronen-Anzahl für jedes Netz sind in Tabelle 5-3 dargestellt:

Tabelle 5-3: Übersicht der verfügbaren Anzahl an Neuronen für die einzelnen Schichten

Anzahl verdeckter Schichten	Anzahl Neuronen je Schicht				
1	32	64	128	256	1024
2					
3					
4					
5	64	128	512	1024	2048

Die besten zurück erhaltenen Architekturen sind in Tabelle 5-4 dargestellt. Die erste verdeckte Schicht erhält immer eine hohe Anzahl an Neuronen, mit Ausnahme des vierschichtigen Netzes sogar immer die maximal mögliche Anzahl an Parametern. Bei der Aktivierungsfunktion ist ein Muster erkennbar: die ersten drei Schichten sind identisch aufgebaut: ReLU – Sigmoid – Sigmoid. Dies zeigt, dass das Neuronale Netz, unabhängig von der Anzahl der Schichten, ähnlich auf die Daten reagiert.

Tabelle 5-4: Beste Architektur-Hyperparameter für bis zu 5 Schichten

Schicht	Neuronen	Aktivierungs-funktion	Dropout [%]
1	1024	ReLU	0,174
1	1024	ReLU	13,37
2	128	Sigmoid	4,20
1	1024	ReLU	23,30
2	512	Sigmoid	1,91
3	64	Sigmoid	21,80
1	512	ReLU	0,23
2	1024	Sigmoid	14,20
3	512	Sigmoid	12,00
4	128	Sigmoid	34,26
1	2048	ReLU	7,08
2	512	Sigmoid	0,08
3	2048	Sigmoid	19,30
4	2048	Softplus	22,84
5	2048	Softplus	76,46

5.2 Merkmalsauswahl
Data reduction

Um eine Überanpassung zu vermeiden, sollen Merkmale reduziert werden. Das Lernen von unwichtigen bzw. von redundanten Daten erfordert zusätzliche Trainingszeit und erhöht die Komplexität des Neuronalen Netzes. Algorithmen erstellen die Reihenfolge der ausgewählten Merkmale. Der einzelne Rang gibt keine Auskunft über die Wichtigkeit für den Prozess, jedoch für das Neuronale Netz zur Abbildung des Prozesses. Die Tabelle 5-5 zeigt den jeweiligen erstellten Rang der Wichtigkeit von 1 (sehr wichtig) bis 15 (weniger/nicht wichtig) ausgewählt durch die Algorithmen SelectKBest, Recursive Feature Selection und Permutation. Bemerkenswert hierbei ist, dass den Sensoren für chemische Prozessanalyse eine wichtige Rolle zugewiesen wird.

Tabelle 5-5: Rang der einzelnen Merkmale durch die Algorithmen SKB, RFE und Permutation

Rang	Merkmale		
	SKB	RFE	Permutation
1	fluid_pH	fluid_pH	tiltX
2	PtPY	fluid_temp	tiltY
3	tiltY	RMSY	RPM
4	fluid_density	fluid_density	torque
5	current	force	current
6	torque	torque	fluid_pH
7	tiltX	current	fluid_temp
8	fluid_temp	tiltY	fluid_temp2
9	force	PtPY	fluid_density
10	fluid_temp2	fluid_temp2	PtPX
11	RMSY	PtPX	RMSX
12	RPM	RMSX	PtPY
13	Motortemp	RPM	RMSY
14	PtPX	tiltX	Motortemp
15	RMSX	Motortemp	force

In den Diagrammen 5-1 bis 5-3 sind die Vorhersagengenauigkeiten in Abhängigkeit der Anzahl der Merkmale dargestellt. Jede Grafik stellt eine der drei Methoden für jedes n-Schichtennetz dar. In SelectKBest sind die Merkmale mit der Nummerierung fünf und sechs Motorstrom bzw. Drehmoment. Bei RFE und Permutation sind das die Merkmale vier und fünf. Der Vorhersagenfehler ändert sich zwischen diesen Merkmalen nicht nennenswert. Das Drehmoment wird durch den Motorstrom berechnet und daher haben die beiden Merkmale eine Abhängigkeit voneinander. Dennoch wählt der Algorithmus beide Werte in direkter

Reihenfolge und klassifiziert diese Merkmale, durch ihre frühe Position in der Auswahl, als vergleichsweise wichtig. Mit Ausnahme des Netzes mit einer Schicht, sehen die Vorhersagenverläufe der anderen Schichten ähnlich aus. Ab neun Merkmalen ist eine Änderung des Vorhersagenfehlers in diesen Grafiken nicht mehr sichtbar.

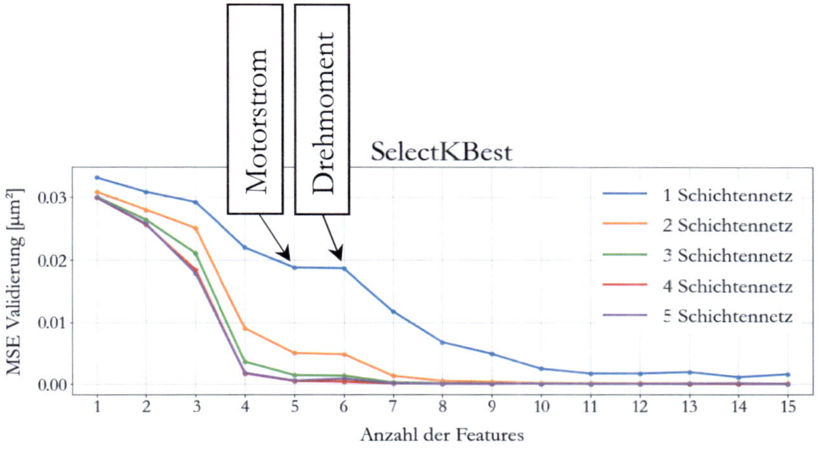

Abbildung 5-1: Verlauf des Validierungsfehlers der Methode SelectKBest für alle fünf Netze und über die n besten Merkmale

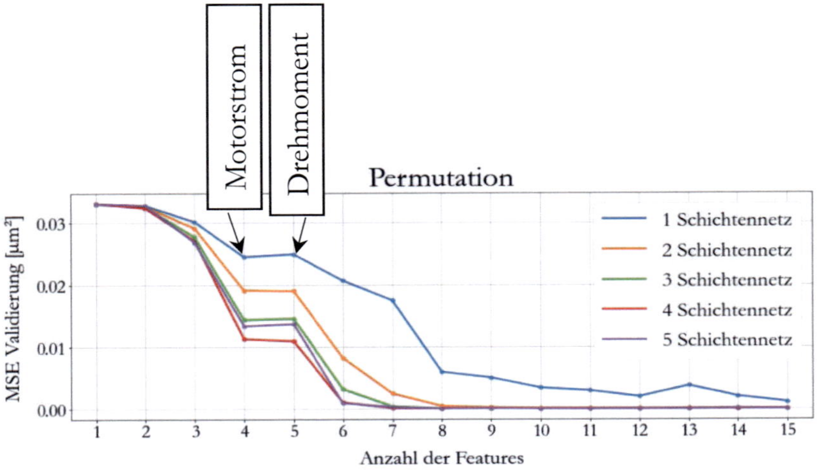

Abbildung 5-2: Verlauf des Validierungsfehlers der Methode Permutation für alle fünf Netze und über die n besten Merkmale

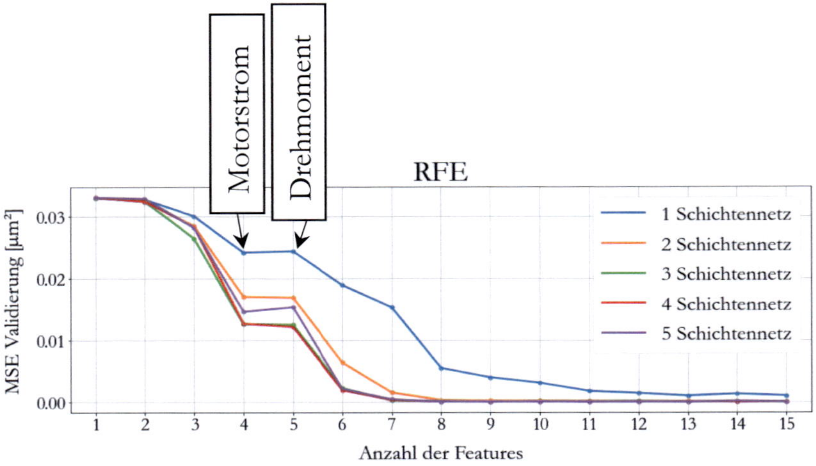

Abbildung 5-3: Verlauf des Validierungsfehlers der Methode RFE für alle fünf Netze und über die n besten Merkmale

Tabelle 5-6 gibt eine Übersicht über die drei besten Methoden für Netze mit bis zu fünf Schichten. Die beste Vorhersage konnte mit einem 4-schichtigen Netz mit allen 15 zur Verfügung stehenden Merkmalen erzielt werden. Dabei wird ein Vorhersagenfehler auf dem Validierungsdatensatz von 0,200 10^{-6} μm^2 erreicht. Bei den Vorversuchen auf Planproben wird ein minimaler Vorhersagenfehler von 1,867 10^{-3} μm^2 erreicht, der damit um Faktor 9.000 höher liegt [Gar19]. Bei diesen Vorversuchen mit einem ersten sensorgestützten Polierkopf wird pro Schicht im Schnitt 8 Merkmale, im vorliegenden Fall für gekrümmte Flächen und mit verbessertem Polierkopf 15 Merkmale verwendet. Bei dem zweiten Polierkopf werden irrelevante Sensoren entfernt, neue hinzugefügt und der Aufbau stabilisiert. Das spiegelt sich auch in der hohen Anzahl der verwendeten Merkmale wider.

Tabelle 5-6: Übersicht über die drei besten Methoden für jedes n-Schichtennetz

Schichten	Methode	Anzahl Merkmale	MSE Valid [µm²] Materialabtrag
1	RFE	13	$1{,}023\ 10^{-3}$
	RFE	15	$1{,}025\ 10^{-3}$
	SelectKBest	14	$1{,}117\ 10^{-3}$
2	RFE	15	$0{,}730\ 10^{-6}$
	Permutation	15	$0{,}733\ 10^{-6}$
	Permutation	14	$0{,}833\ 10^{-6}$
3	RFE	15	$0{,}361\ 10^{-6}$
	Permutation	13	$0{,}377\ 10^{-6}$
	SelectKBest	12	$0{,}399\ 10^{-6}$
4	SelectKBest	15	$0{,}200\ 10^{-6}$
	Permutation	14	$0{,}253\ 10^{-6}$
	SelectKBest	14	$0{,}259\ 10^{-6}$
5	RFE	13	$0{,}305\ 10^{-6}$
	Permutation	11	$0{,}310\ 10^{-6}$
	SelectKBest	12	$0{,}323\ 10^{-6}$

Nachdem für jedes Netz die beste Auswahl und Sortierung der Merkmale ausgewählt wurde, stehen die beste Kombinationen aus Netzarchitektur und Merkmale fest. Für jedes Netz existiert dabei ein optimaler Merkmalssatz und kein universeller für alle Netzarchitekturen. Dennoch überschneiden sich die meisten Merkmale in den Sätzen und die Sortierungen sind ebenfalls ähnlich. In Tabelle 5-7 sind die jeweils besten Merkmalsvektoren für jedes der Netze aufgelistet. Hauptsächlich werden die besten Netze durch RFE und eine vergleichsweisen hohe Anzahl an

Merkmalen trainiert. Ausnahme bildet die Netzauswahl mit vier Schichte und die Merkmalsauswahl durch SelectKBest. Auf Grundlage dieser Daten wird ein vier-schichtiges Netz verwendet, dessen Parameter in Tabelle 5-8 dargestellt sind. Bei angestrebter Datenreduzierung kann eines der voneinander abhängigen Merkmalen, wie Drehmoment oder Motorstrom, weggelassen werden. Die hier getroffene Auswahl basiert auf dem Vorhersagenfehler und dieser ist mit allen abhängigen Parametern am geringsten.

Tabelle 5-7: Merkmalsatz mit geringstem Validierungs-MSE jedes n-Schichtennetzes

Schichten	Methode, Anzahl	Merkmale	MSE Valid. [µm²]
1	RFE, 13	**alle, außer tiltX und Motortemperatur**	$1{,}023\ 10^{-3}$
2	RFE, 15	**alle**	$1{,}025\ 10^{-3}$
3	RFE, 15	**alle**	$0{,}361\ 10^{-6}$
4	SelectKBest, 15	**alle**	$0{,}200\ 10^{-6}$
5	RFE, 13	**alle, außer tiltX und Motortemperatur**	$0{,}305\ 10^{-6}$

Tabelle 5-8: Verwendetes Netz und die dazugehörigen Parameter

	Netzparameter		
Optimierer	adam		
Batchsize	64		
Epochen	50		
Lernrate	0,001		
Schicht	**Anzahl Neuronen**	**Aktivierungs funktion**	**Dropout [%]**
1	256	ReLu	0,24
2	1024	Sigmoid	14,20
3	512	Sigmoid	12,00
4	128	Sigmoid	34,26
Ausgabeschicht	1	linear	-
Merkmale	fluid_pH, PTPY, tiltY, fluid_density, current_NC, torque_NC, tiltX, fluid_temp, Force, fluid_temp2, RMSY, rpm_NC, Motortemp, PtPX, RMSX		

5.3 Bewertung Machine learning Modell
Evaluating Machine learning Model

Entgegen der Erstellung der Netzparameter, die mehrere Stunden bzw. Tage dauert, benötigt das endgültige Trainieren des Neuronalen Netzes wenige Minuten.

Die Lernkurve des trainierten Modells ist in Abbildung 5-4 als Verlustfunktion dargestellt. Diese Kurve zeigt den Trainingserfolg und lässt Rückschlüsse über die Qualität und dem Verhalten der Vorhersagen zu. In diesem Fall soll die Verlustfunktion, die Differenz zwischen vorhergesagtem und tatsächlichem Abtrag minimiert werden. Erkennbar ist die typisch exponentiell abfallende Trainingskurve. Die Validierungskurve schwankt stärker, ohne einen deutlichen Trend über die Epochen. Die Validierungsdatensatz-Kurve liegt über der des Trainingsdatensatzes, d. h. das Modell bildet den Validierungsdatensatz besser ab als den Trainingsdatensatz. Ein weiterer Indikator für die gute Qualität des Trainings wäre das Überkreuzen der beiden Kurven. Bei einer Überanpassung würden beide Kurven ein Plateau erreichen, ohne sich zu überkreuzen und sie hätten einen hohen MSE. Zugleich wäre Fehler der Trainingsdaten viel geringer und die beiden Kurve würde sich nicht überschneiden [Gér20]. Die Lernkurve variiert bei jedem neuen Erstellen etwas und ist nur in der übergeordneten Form wiederholbar.

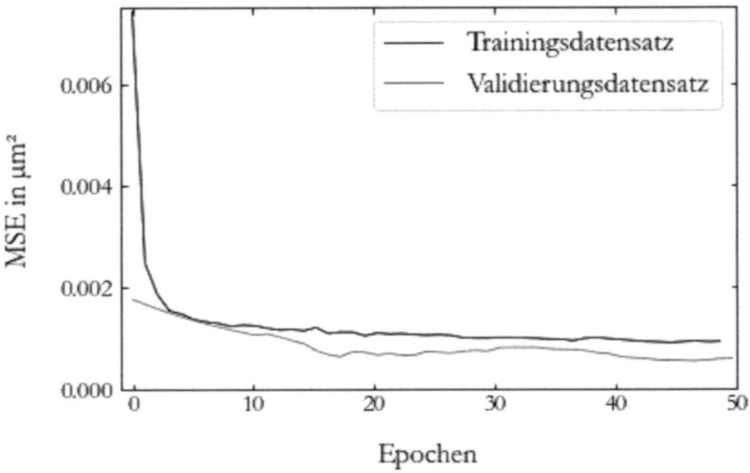

Abbildung 5-4: Trainingskurve als Verlustfunktion dargestellt

Der reale Abtrag und die Vorhersagen des trainierten Netzes der unbekannten Testdaten sind in Abbildung 5-5 dargestellt. Die 20 % der gewonnen Daten werden sequenziell zusammengefügt (Versuche 1 – 17) und bilden einen neuen, größeren Datensatz. Der prozentuale Anteil kommt durch die Aufteilung der Sensordaten in den Trainingsteil (60 %), dem Validierungsteil (20 %) und dem Testteil (20 %). Da die Oberfläche vor und nach den durchgeführten Versuche vermessen wurden, bilden die Daten den jeweiligen relativen Materialabtrag ab. Aufgrund der Filterung erscheinen die Übergänge zwischen den einzelnen Versuchsdaten fließend. Abgesehen vom Ausreißer innerhalb der ersten 200 s trifft der vorhergesagte Abtrag objektiv betrachtet den Realen sehr gut. Die Form ist gut abgebildet, jedoch gibt es leichte Abweichungen in der Tiefe des Abtrages. Das Neuronale Netz erreicht eine Vorhersagenwahrscheinlichkeit von 99,22 %. Der

MAE liegt mit 24,7 nm etwas über dem MAE der Plan-Vorversuche, die einen Wert von 10 nm hatten.

Betrachtet man die Vorhersage eines einzelnen Abtragsversuches, 100 % Testdaten des dritten Versuchs (Abbildung 5-6) wird hier die ähnliche Form und die gleiche Größenordnung des Materialabtrags sichtbar. Ebenfalls wie in der vorherigen Darstellung ist hier der Relativabtrag des Versuchs dargestellt. In dieser Darstellung ist die Soll-Ist-Abweichung des Polierprozesses direkt sichtbar. Aufgrund des Randeffektes am Polierfeldanfang und -Ende wird hier ein plötzlich ansteigender Abtrag am Anfang und ein plötzlich aufhörender Abtrag am Ende erwartet. Zwischen diesen beiden Punkten sollte der Abtrag eine waagrechte Linie bilden. Durch den Randeffekt, der seitlich am Polierfeld auftritt, ist der Abtrag eine schwankende Kurve. Zu Beginn einer Bahn steigt der Abtrag an und erreicht in der Mitte der Bahn sein Maximum, bevor er zu Rand wieder abnimmt. Diese beschriebene Zackenstruktur wiederholt sich in der Anzahl der polierten Bahnen. Da das Machine learning Modell Schwierigkeiten hätte, diese volatile Struktur nachzubilden, kommen Robust Peak Detection Algorithmen zum Einsatz, welche die Daten filtern. Dadurch entsteht die dargestellte Kurve, die ähnlich zu einer Gauß-Kurve ist.

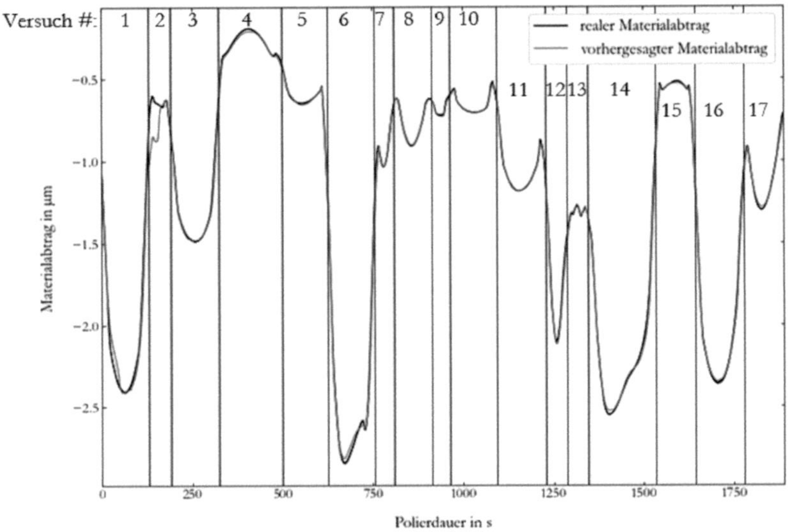

Abbildung 5-5: Aneinanderreihung aller Testdaten zur Validierung des trainierten Netzes

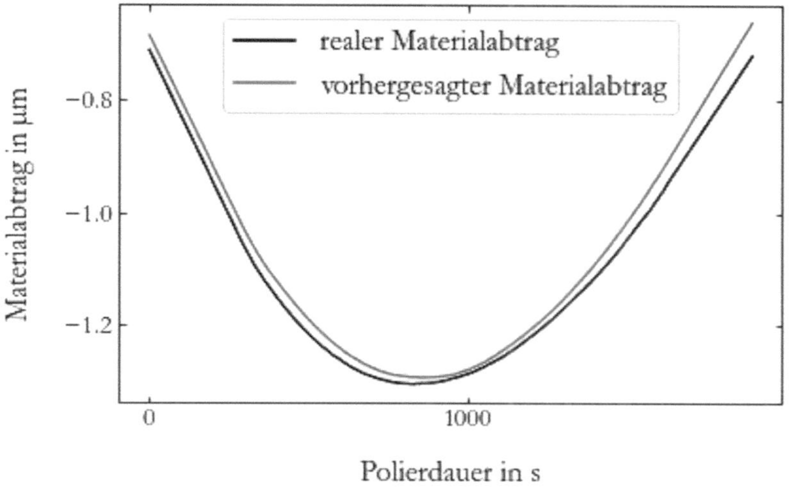

Abbildung 5-6: Gefilterte Abtragsvorhersage im Vergleich zum realen Abtrag

Mit den gewonnenen Daten können Falschfarbenbilder dargestellt werden, die vergleichbar mit interferometrischen falschfarben Darstellungen sind. Betrachtet man das Falschfarbenbild des realen Abtrages (Abbildung 5-7) und das Bild des vorhergesagten Abtrages (Abbildung 5-8), ist erkennbar, dass das Machine learning Modell Schwierigkeiten hat, die Kippung des Polierkopfes ausreichend anpassend abzubilden. Die Neigung des Polierkopfes wird derzeit nicht nachgeregelt.

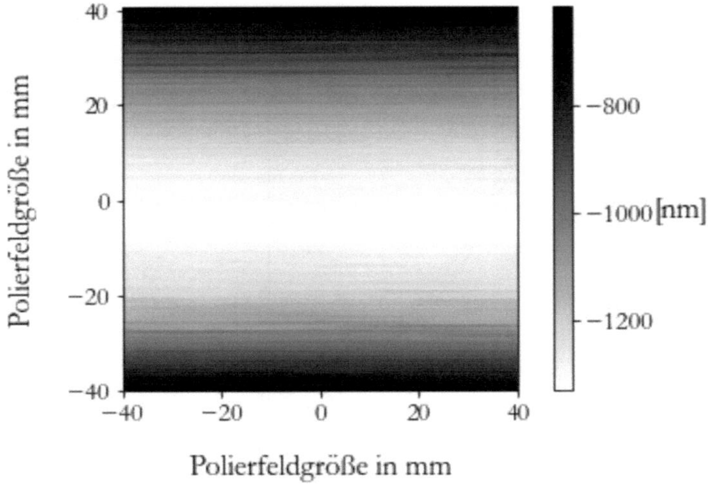

Abbildung 5-7: Realer Abtrag als Graustufenbild dargestellt

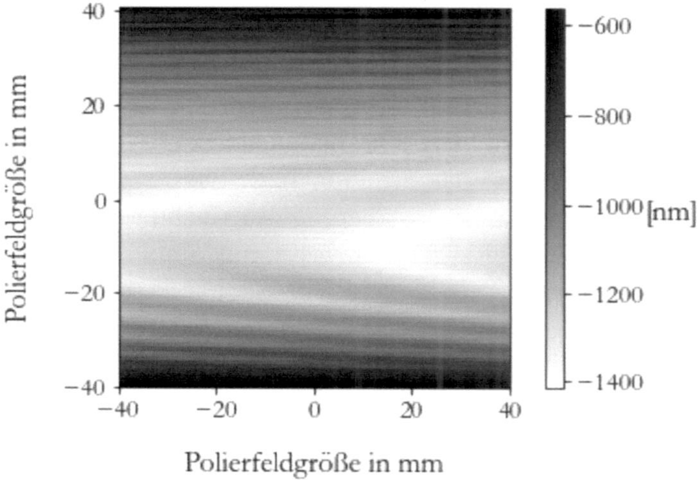

Abbildung 5-8: Vorhergesagter Abtrag als Graustufenbild dargestellt

5.4 Validierung mit unbekannten Daten
Validation with unknown data

Die Validierungsdaten werden aus den Rohdaten der Trainingsdaten extrahiert. Die Daten sind dem Machine learning Modell unbekannt, die Struktur bzw. die Wertebereiche sind jedoch bekannt. Für die Validierung des Machine learning Modells kommen daher zusätzlich noch vollständig unbekannte Daten mit abweichenden Parametern zum Einsatz. Die Polierfeldgröße wird von ursprünglich 80 x 80 mm um 56 % auf 100 x 100 mm vergrößert. Mit der Verwendung der konkaven Glasprobe steigt der Kippwinkel des Polierkopfs in x- und y-Richtung insgesamt um 2,15°. Darüber hinaus werden für die Parameter der Drehzahl und der Polierzeit bislang unbekannte Werte genutzt. Die Polierzeit beträgt für dieses Polierfeld 10 min und die Drehzahl ist mit 450 min^{-1} um 6 % schneller als die bislang höchste Drehzahl. Die einzelnen Werte sind in Tabelle 5-9 nochmals zusammengefasst. Das trainierte Modell konnte die Daten mit einer Vorhersagenwahrscheinlichkeit von 60,25 % (R-Wert) nachbilden. Wie auch in der Abbildung 5-9 ersichtlich, liegt die maximale Abweichung der Vorhersage zur Soll-Oberfläche bei 385,88 nm (MAE). Das Neuronale Netz sagt einen zu geringen Materialabtrag voraus und kann die Schwankungen des Materialabtrags durch den Randeffekt (Rauheit auf der globalen Form der Kurve) nur unzureichend nachbilden.

Tabelle 5-9: Vergleich der Trainingsparameter zu den Validierungsparametern

Parameterbezeichnung	Für Training genutzte Werte	Für Validierung genutzte Werte
Polierfeldgröße:	80 x 80 mm	100 x100 mm
max. Neigungswinkel:	8,57°	10,72°
Drehzahl:	50 – 425 min^{-1}	450 min^{-1}
Polierdauer:	5 – 20 min	10 min

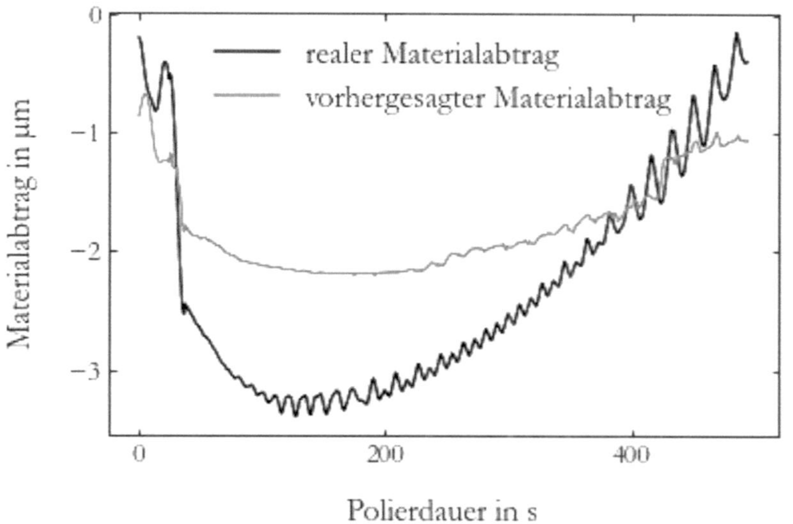

Abbildung 5-9: Vergleich vorhergesagter Materialabtrag zum realen Materialabtrag des Validierungsversuchs

5.5 Zusammenfassung Machine learning Modell
Summary Machine learning Model

Für das Erstellen eines optimalen Neuronalen Netzes werden die Hyperparameter Anzahl der Schichten, Anzahl der Neuronen pro Schicht, Batchsize, Anzahl der Epochen, Dropout-Grad, Optimierer und die Aktivierungsfunktion abgestimmt. Es wird ein sequenzielles Netz ohne Rekurrenz verwendet, das beim Trainieren überwacht wird. Die einzelnen Hyperparameter des verwendeten Netzes sind in Tabelle 5-10 dargestellt:

Tabelle 5-10: Wiederholung der Tabelle des verwendeten Netzes

	Netzparameter		
Optimierer	adam		
Batchsize	64		
Epochen	50		
Lernrate	0,001		
Schicht	**Anzahl Neuronen**	**Aktivierungsfunktion**	**Dropout [%]**
1	256	ReLu	0,24
2	1024	Sigmoid	14,20
3	512	Sigmoid	12,00
4	128	Sigmoid	34,26
Ausgabeschicht	1	linear	-
Merkmale	fluid_pH, PtPY, tiltY, fluid_density, current_NC, torque_NC, tiltX, fluid_temp, Force, fluid_temp2, RMSY, rpm_NC, Motortemp, PtPX, RMSX		

Nach dem Trainieren des Netzes wird dieses zuerst durch unbekannte Testdaten validiert. Hier kann eine Vorhersagenwahrscheinlichkeit von 99,22 % erreicht werden. Damit übersteigt das hier verwendete Neuronale Netz alle bisherigen Veröffentlichungen im Bereich CMP und ist damit deutlich besser als die Vorhersagenwahrscheinlichkeit der Planvorversuche, mit 95,1 % [Gar19]. Bei einem weiteren Versuch werden für die Prozessparameter Drehzahl (450 min^{-1}, in den anderen Versuchen 50 – 425 min^{-1}), Polierfeldgröße (von 80 x 80 mm auf 100 x 100 mm) und damit die Neigung (von 8,57° auf 10,72°) des Polierkopfes größere Werte verwendet als beim Trainingsdatensatz. Die Polierdauer verändert sich ebenfalls auf einen bis dahin nicht verwendeten Wert (von 5 – 20 min auf 10 min im Versuch). Hier kann trotz der gravierenden Änderungen im Polierprozess Vorhersagenwahrscheinlichkeit von 60,25 % erreicht werden.

Dieses Kapitel zeigt die Funktionalität eines ML-Modells in der Politur. Es kann den Abtrag und den Prozess vorhersagen. Selbst bei einschneidenden Eingriffen in den Prozess kann eine Vorhersagenwahrscheinlichkeit von über 60 % erreicht werden.

6 Weitere Auswertung
Further evaluation

6.1 Versuchsplan
Design of experiment

Die Varianzanalyse (*engl.* Analysis of variance, kurz ANOVA) [Kle11] der statistischen Software gibt einen Aufschluss über die Vorhersagengenauigkeit des statistischen Regressionsmodells. Werden ausschließlich die Eingangsvariablen des Versuchsplans (Drehzahl, Normalkraft und Polierzeit) betrachtet, kann die statistische Versuchsplansoftware kein signifikantes Modell erstellen. Die Sensordaten aller Einzelversuche, insgesamt 435.228 Zeilen (Trainingsdaten) mit 16 Spalten (15 Sensordaten und der Abtrag), können aufgrund der hohen Anzahl an Eingangszeilen nicht von der Software bearbeitet werden. Wird jeder Versuch einzeln betrachtet, kann die Software ein signifikantes Modell mit einer Vorhersagenwahrscheinlichkeit von 36 % erstellen. Die statistische Software bietet die Möglichkeit einer mathematischen Beschreibung des betrachteten Polierprozesses.

Der Vorteil gegenüber des Machine learning Modells, ist die geringe Berechnungszeit und die einfache Handhabe. Werden die Versuchsdaten des durchgeführten Versuchsplanes in die statistische Software übertragen, benötigt diese wenige Sekunden zur Auswertung. Der Poliervorgang und die Randeffekte werden dabei nicht berücksichtigt. Dadurch entsteht eine gewisse Unsicherheit bezüglich des Abtrages. Je größer die zu polierende Fläche und je größer der relative Abtrag, desto geringer ist der Einfluss dieser Anomalien auf die Abtragsvorhersage.

Die Abtragsdaten streuen sehr stark und das mathematische Modell ist nicht in der Lage das Rauschen der Daten und die systematischen Fehler abzubilden. Als Beispiel für einen systematischen Fehler kann hier das Sensorsignal des Neigungssensors gezeigt werden: Durch die Bearbeitung einer konkaven Oberfläche sollte bei mittiger Bearbeitung der Mittelwert in Y-Richtung 0° betragen und nicht wie dargestellt -0,18°. Dieser Einmessfehler ist in Abbildung 6-1 an der Drift (gestrichelte Linien) mit fortschreitender Polierdauer in dem negativen Winkelbereich erkennbar. Die Minima bzw. Maxima sollten jeweils auf einer waagerechten Linie liegen.

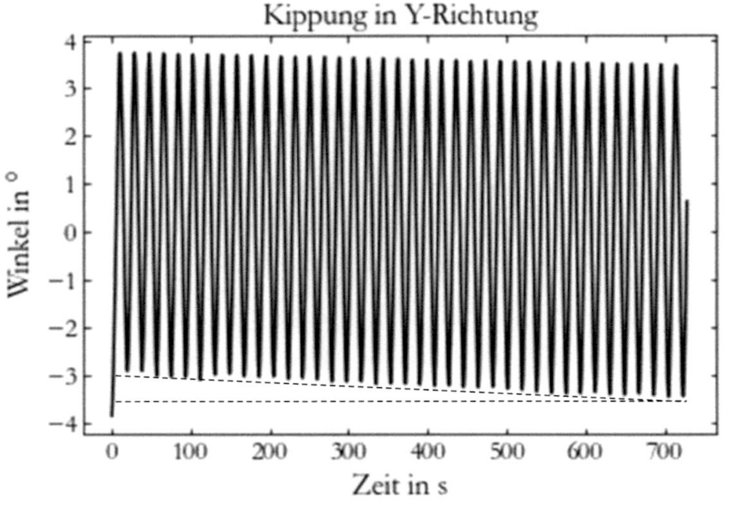

Abbildung 6-1: Neigungssensorsignal der Y-Richtung über die Dauer eines Polierschrittes

6.2 Prozessdaten
Process data

Mit dem Sensoreinsatz werden einige mechanische Prozessabweichungen sichtbar. Allein durch den Sensoreinsatz kann die Position auf gekrümmten Flächen und Prozessdivergenzen von Regelparametern messtechnisch erfasst werden. Darüber hinaus können Schäden am Polierkopf detektiert werden. Am industriellen Polierkopf wurde außen am Motor ein Temperatursensor angebracht. Abbildung 6-2 vergleicht die Solldrehzahl mit der Motortemperatur und es ist eine Korrelation auf den Messdaten sichtbar. Vermutlich hängt die Drehzahl von der Motorlagerfettviskosität ab. Die Motordrehzahl regelt nicht auf die Solldrehzahl, sondern übersteigt diese. Durch eine bessere Regelung des Motors können beide Prozessdivergenzen behoben werden. Mit diesem Sensor kann ebenfalls ein ungewolltes mechanisches Bremsen des Antriebsstrangs infolge eines Schadens in-situ sichtbar gemacht werden. In Abbildung 6-3 ist die Divergenz des Temperaturwertes infolge eines Schadens ab ca. 1h sichtbar.

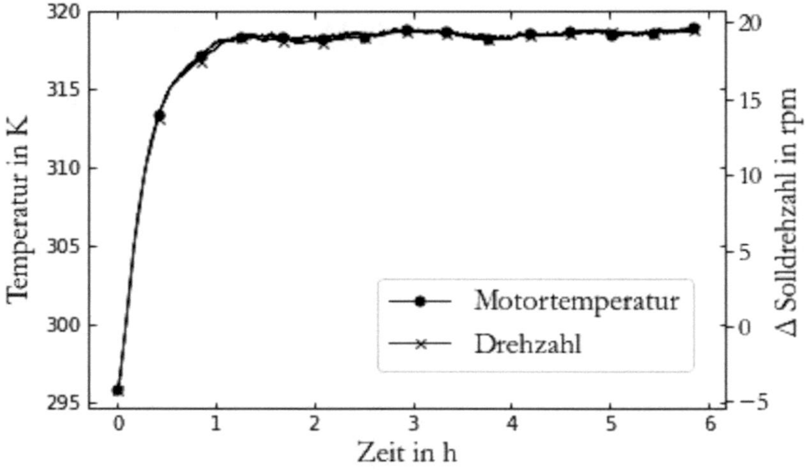

Abbildung 6-2: Vergleich Motortemperatur mit der -drehzahl

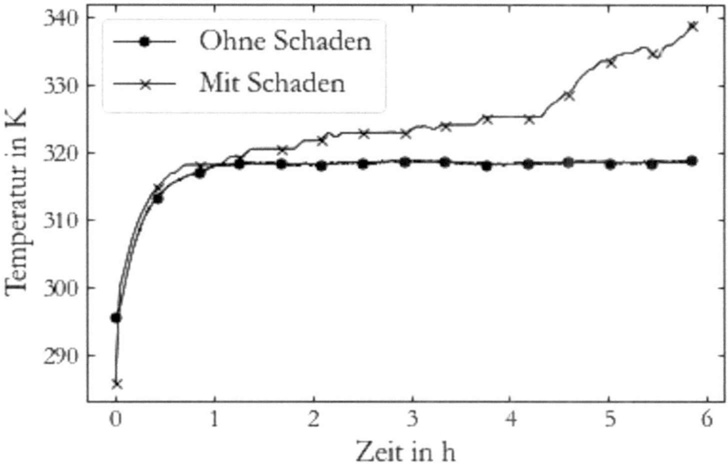

Abbildung 6-3: Detektion eines Schadens durch einen Temperatursensor

Verwendet man ein kleines Poliermittelreservoir (*hier:* 0,6 l) und misst durch den integrierten Temperatursensor des pH-Sensors die Polierflüssigkeitstemperatur, ergibt sich ein Temperaturverlauf wie in Abbildung 6-4. Erkennbar ist die angestrebte Sättigung der Temperatur bei ca. 298 K und die niederfrequente Schwankung der Temperatur durch Gleich- und Gegenlauf. Das Ansteigen der Temperatur stimmt mit der gegenläufigen Bewegung des Polierkopfes und vice versa überein. Bei Gleichlauf dreht sich das Polierrad in die gleiche Richtung zur Relativbewegung des Polierkopfes. Dadurch entstehen weniger Prozessreibungen und geringere thermische Einflüsse als beim gegenläufigen Polieren.

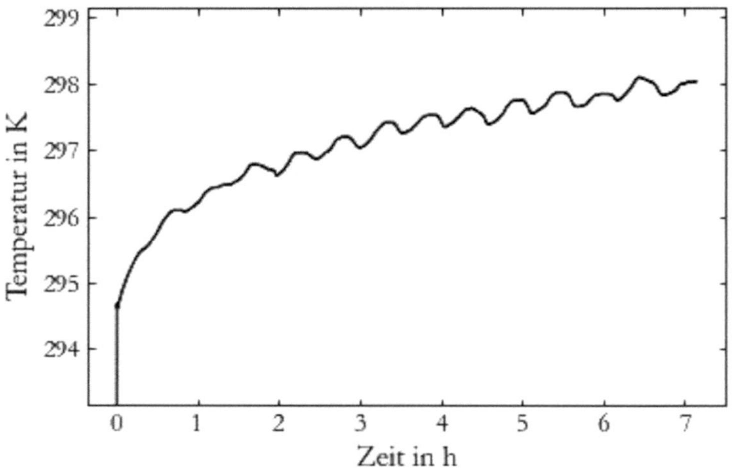

Abbildung 6-4: Gleich- und Gegenlauf des Polierwerkzeuges sind auf den Temperatursensordaten des Reservoirs sichtbar

Beim ersten Polierkopf ist ein pneumatischer Kolben zur Normalkraftregelung eingebaut. In der Abbildung 6-5 ist die Trägheit des ersten Polierkopfes in Hinblick auf die Kraftregelung sichtbar. Wegen der hohen Trägheit und der unzureichenden Nachregelung schwankt der Kraftwert sehr stark; Zielwert in diesem Versuch waren 19,62 N. Etwa ab Sekunde 115 löst sich die Polierfolie vom Polierwerkzeug ab und es gibt zwischen diesen beiden Bauteilen keinen Kontakt mehr. Die Polierfolie dreht sich nicht mehr, es gibt Schlupf (senkrechter Strich in den Sensordaten) am Polierrad.

Über die Neigungsdaten und den Abstand des Neigungssensors vom Polierrad kann die Position des Polierwerkzeuges auf konkaven und konvexen Oberflächen über Polarkoordinaten berechnet werden. In Abbildung 6-6 sind 5 % der Messdaten abgebildet. Das macht prinzipiell bei bekannten Abtragsdaten die ex-situ Messung überflüssig, da dann den Abtragsdaten Positionsdaten zugeordnet werden können.

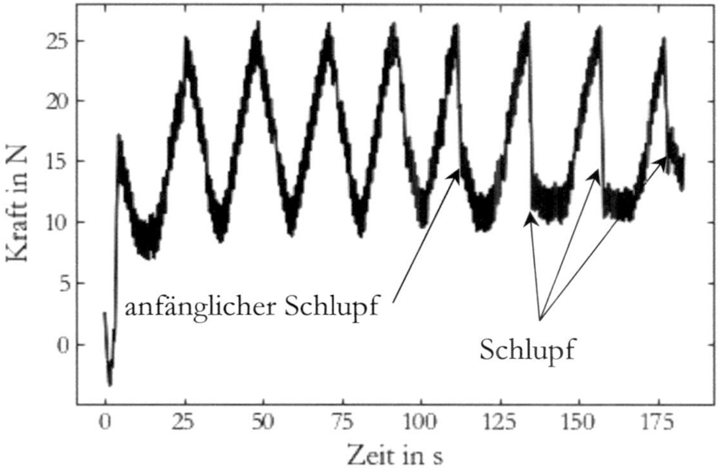

Abbildung 6-5: Trägheit des Polierkopfes und Schlupf in den Sensordaten der Kraftmessdose sichtbar

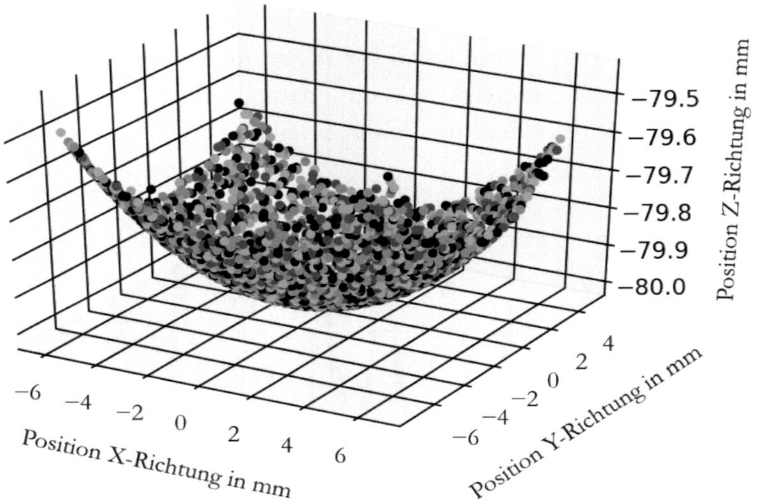

Abbildung 6-6: Berechnung der Werkzeugposition bei einem konkaven Werkstück über Polarkoordinaten

6.3 Fehlerabschätzung
Error estimation

Neben Programmier- und Anwenderfehler treten noch weitere Fehlertypen auf, u. a. systematische, stochastische und Modellfehler. Bei hoher Rechengenauigkeit spielen Rundungsfehler eine untergeordnete Rolle. Sie können daher im Vergleich zu anderen Fehlern vernachlässigt werden. Auf diese Fehler wird im Folgenden eingegangen.

Systematische Fehler betreffen alle Messungen und sind bei wiederholter Routine nicht erkennbar. Dies betrifft neben dem mechanischen Aufbau auch die Messtechnik. Der systematische Fehler beinhaltet u. a. Fertigungstoleranzen, Sensorabweichungen, Einmessfehler, Einflüsse wie Erwärmung und Abnutzung. Fertigungstoleranzen des Polierkopfes betreffen auch die Validierungsversuche. Solange zwischen dem Modelltraining und dem Validierungsversuch mechanisch nichts verändert wird, kann dieser Fehler vernachlässigt werden. Es wurde versucht weiteren Fehler wie Erwärmung und Abnutzung zu kompensieren bzw. zu detektieren. Beispielsweise wird als Werkstoff eine Glaskeramik mit geringem Wärmeausdehnungskoeffizienten verwendet. Die Abnutzung wird versucht mit Vibrationssensoren zu detektieren.

Die Größe des Messfeldes der optischen Linse muss am Laserinterferometer in der verwendeten Ausführung von Hand eingemessen und kalibriert werden. Dazu stehen gefertigte Kalibrierwerkzeuge zur Verfügung. Der Wert beruht nichtsdestotrotz auf einer subjektiven Messmethodik und der Fehler betrifft alle Messungen. Das genannte Vorgehen minimiert den Einfluss auf die Abtragsdaten. Es wird erwartet, dass dieser Fehler mit einer optimierten Kamera am D100 oder automatischen Kalibriermethoden zu minimieren ist.

Der Einfluss von stochastischen Fehlern wird bei der Messung des Werkstückes durch mehrere Messungen und die anschließende Mittelung reduziert. Bei den Abtragsmessungen wird die Oberfläche jeweils 15-mal (3 x 5 Messungen) vermessen. Bei den WLI-Messungen werden die Messungen dreimal durchgeführt und gemittelt.

Modellfehler gelten sowohl für die Trainingsdaten als auch für die Validierungs- und Testdaten. Sie sind damit nicht erkennbar und haben gleichermaßen einen Einfluss auf alle Daten, solange an der Berechnung, der Vorgehensweise oder dem Aufbau nichts verändert wird.

Zum Vermessen der polierten Fläche werden Optik und Halterung aus der Nullpunktspannhalterung des Bearbeitungstisches herausgenommen und an der Messmaschine wieder eingespannt. Durch eine Abweichung des Nullpunktspannsystems von ± 3 µm und dem nicht steifen Aufbau unterliegt die Messposition axialen Schwankungen mit abweichender Wiederholgenauigkeit. Dadurch muss die Optik in axialer Richtung vor und nach jedem Polierversuch an der Messmaschine neu ausgerichtet werden. Die Messposition wird subjektiv durch das Detektieren von Interferenzmustern auf der Optik eingestellt. Es kommt zu Schwankungen in der Anzahl der Interferenzstreifen. Beim Berechnen des Abtrages kann diese Defokussierung herausgerechnet werden. Da die Linse nicht vollflächig bearbeitet wird, kann die Defokussierung nur näherungsweise berechnet werden. Durch die relativen Abtragsmessungen steigt der Fehler durch die Herausrechnung der Defokussierung mit steigendem absolutem Abtrag. Um gleiche Abtragsberechnungen der einzelnen Polierversuche zu gewährleisten, wird darauf verzichtet. Die axiale Abweichung der Messposition in Abhängigkeit von den Interferenzstreifen ist wie folgt durch die Wellenlänge der Lichtquelle, den Krümmungsradius und den Radius der Linse definiert [Gro12]:

$$dR = n\lambda \frac{R^2}{r^2} \qquad \text{Gl. 6-1}$$

r: Linsenradius; *hier:* r=75 mm
R: Krümmungsradius; *hier:* R=535,4 mm
λ: Wellenlänge; *hier:* 633 nm
n: Anzahl der Interferenzstreifen

Durch Einsetzen der Werte der genutzten konkaven Optik ergibt sich eine axiale Abweichung von 32,258 µm/Interferenzstreifen. Je Interferenzstreifen ergibt sich eine Abweichung von λ/2, also hier: 316,5 nm. Vorversuche zeigen eine Messabweichung von bis zu 400 nm. Durch die Form der Konkaven kann die laterale Position nahezu ideal (x- und y-Achse > 30 nm) und wiederholbar angefahren werden.

6.4 Zusammenfassung weiter Auswertung
Summary further evaluation

Mit der Verwendung einer Versuchsplan-Software kann eine Struktur und Reihenfolge in den Versuchsplan gebracht werden. Die Software erstellt ein eigenes Abtragsmodell bzw. zeigt eine mathematische Gesetzmäßigkeit zur Berechnung des Abtrages auf. Diese erreicht bei dieser Datenqualität eine Vorhersagenwahrscheinlichkeit von 36 % und liegt damit weit hinter den Vorhersagen des Machine learning Modells. Es kann weder das Rauschen noch systematische Fehler ausreichend darstellen. Die statistische Analyse besticht durch eine schnelle Vorgehensweise und eine intuitive Bedienung.

Allein durch den Sensoreinsatz konnten Aussagen über den Prozess getroffen werden. U.a. konnte eine Abhängigkeit von der Drehzahl zur Motortemperatur ermittelt werden. Mit der Temperaturmessung am Polierkopf konnte indirekt ein Schaden am Polierkopf detektiert werden. Auf den Kraftmessdaten konnte bei einem Versuch Schlupf messtechnisch erfasst werden. Im Reservoir der Polierflüssigkeit konnte durch die Temperaturmessung Rückschlüsse auf die Bewegung des Polierkopfes (Gleich- bzw. Gegenlauf) gezogen werden. Ein Einsatz von Neigungssensoren auf konkaven oder konvexen Oberflächen ermöglicht die Positionsbestimmung in-situ und eröffnet dadurch neue Möglichkeiten in der Politur.

In der Fehlerabschätzung wird gezeigt, dass die Datenqualität ausreichend gut ist, jedoch die Fehler bei der Bewertung der Ergebnisse berücksichtigt werden müssen. Konstruktive Anpassungen an der Messmaschine sind in Zukunft wünschenswert und liefern noch bessere Daten. Mit optimierten Daten kann die Abtragsvorhersage weiter verbessert werden.

7 Diskussion
Discussion

Allein durch die Verwendung von Sensoren können Aussagen über den Prozess und seine Stabilität getroffen werden. Im Aufbau der Polierköpfe gibt es eine stetige Evolution, die auch in der Zukunft Einzug in der Polierpraxis halten wird. Weitere Prozessparameter sollen in Zukunft im Prozess nachgeregelt werden. In der vorliegenden Arbeit werden lediglich die Drehzahl des Motors und die Normalkraft nachgeregelt. Durch ein Prozessnachregeln hat der Prozess eine geringere Divergenz und kann noch bessere Daten für das Machine learning Modell liefern.

Das vorgestellte ML-Modell hat in der Bewertung einen R^2-Wert von 0,9922 (R: 0,9961). Zur Einordnung wird dieser Wert mit den Ergebnissen der PHM-Daten-Challenge für Wafer verglichen. Die wissenschaftlichen PHM-Teams erreichten eine R^2-Wert zwischen 74,89 - 90,1 % [PHM16]. Kong gibt einen R^2-Wert von 90,14 % an [Kon11]. Die zwei Jahre später veröffentlichte Arbeit von Jia gibt einen R^2-Wert zwischen 0,9817 - 0,9914 (R: 0,9908 - 0,9957), je nach Netzparametern an [Jia18]. Damit liegt das in dieser Arbeit vorgestellte die Vorhersagengenauigkeit weit über den Ergebnissen der Daten-Challenge und in der Größenordnung von Jia.

Es ist anzunehmen, dass die Vorhersage bei Veränderung aller Parameter möglich ist. Damit verfügt das Modell über 15 Prozessparameter die beliebig variiert werden können. Ein Mensch würde sich schwertun, eine solche Prozessvorhersage auf der Basis der Sensordaten zu treffen. Physikalische Modelle verfügen üblicherweise nicht über die hohe Anzahl an veränderbaren Parameterwerten.

Mit einem R^2 von 36 % weist die statistische Prozessvorhersage eine geringere Vorhersagenwahrscheinlichkeit als das Neuronale Netz auf. Grund hierfür ist die höhere Anzahl an Stellparametern eines Neuronalen Netzes (insgesamt 1921 Neuronen verteilt auf vier Schichten und einer Ausgabeschicht, letztere verfügt nur über ein einzelnes Neuron) im Vergleich zu der geringeren Anzahl in einer Polynom-Gleichung. Das statistische Modell läuft der Zufallsstreuung hinterher und kann Messfehler nicht darstellen. Im Gegensatz zum datengetriebenen Machine learning Modell bietet die statistische Versuchsplanungsauswertung den Vorteil einer Bereitstellung eines mathematischen Modells, welches die physikalischen Gesetzmäßigkeiten abbildet. Damit ist die Prozessvorhersage trotz dieses niedrigen Wertes bei divergierenden Prozessparametern besser als die empirische Betrachtung des Polierprozesses oder der Betrachtung von Poliermodellen, die einzelne Prozessaspekte beschreiben.

Ein weiterer Aspekt der statistischen Auswertung ist die signifikante Bewertung der Vibrationssensoren und der Flüssigkeitstemperatur. Vibrationen finden beim Schleifen und beim Polieren Anwendung, um den Abtrag zu maximieren (z. B. Gleitschleifen) oder den Verschleiß am Werkzeug zu minimieren [Bli18]. Da der pH-Wert und die Dichte der Poliersuspension jeweils temperaturabhängige Konzentrationsmessungen sind, sollte in Zukunft ein besonderer Augenmerk auf die chemischen Sensoren, insbesondere im Polierspalt liegen.

Die Stabilität des Prozesses und das exakte Einmessen des Systems sind die Herausforderungen und nicht das Anwenden von intelligenten Datenmodellen. Die Hauptaufgabe besteht in der Zukunft im konstruktiven Bereich der Polierkopfherstellung und/oder der Messtechnik. In diesem Aufbau ist die ex-situ

Messung des Abtrages der Schwachpunkt: Der Polierkopf erzeugt beispielsweise bei einer Normalkraft von 10 N, einer Drehzahl von 425 min^{-1} und einer Flächenbearbeitung von 3 mm^2/s einen Tiefenabtrag von 12,5 µm. Dabei entstehen am Rande des Polierfeldes zu steile Kanten, die mit dem D100 nicht mehr gemessen werden können. Das optische D100 Messgerät kann bis ca. 24 µm Formabtrag messen, bevor die Randflanken des Polierfeldes zu steil werden. Zeitaufwendige taktile Messungen oder variable Polierdatensätze bilden eine Alternative. Bei solchen variablen Polierdatensätzen wird der Rand des Polierfeldes mit geringerem Polierdruck bzw. geringerer Drehzahl poliert. Dadurch werden die Öffnungswinkel der entstehenden Flanken flacher und können weiterhin optisch vermessen werden. Darüber hinaus resultiert aus der Messtechnik der größte Fehler (siehe Unterkapitel »Fehlerabschätzung«). Antrainierte Fehler werden ebenfalls auf die Prozessvorhersage angewendet. Solange die Fehler in den verwendeten Daten gleichbleiben, wird das Vorhersage auf den Prozess wiederholbar sein. Verändert sich etwas am Aufbau oder am Vorgehen werden Trainingsdaten und spätere Prozessvorhersagen divergieren.

Einige Parameter werden nicht berücksichtigt: Die Kontaktbedingung des tribologischen Systems, bestehend aus dem Glaswerkstoff, dem Polierwerkzeug und der kolloidalen Poliersuspension kann mithilfe der Viskosität der Polierflüssigkeit beschrieben werden [Mul03]. Die Viskosität wird während der Politur als konstant betrachtet und hat einen Einfluss auf die Polierspalthöhe [Lu04], die Reibungskraft im Polierspalt und auf den Materialabtrag [Kom97]. Eine weitere Sensorsorte, die in der Politur von Wafern Verwendung finden, sind Dehnungsmessstreifen [Seg19]. Der Vorteil von diesem Sensortyp ist die vergleichsweise einfache Implementierung, da sie fast überall angebracht werden können. Sie bieten darüber hinaus die Möglichkeit, dass Aussagen über die Stabilität, den mechanischen Zustand des Polierkopfes und die örtliche Position eines möglichen Schadens am Polierkopf treffen zu können, als die hier vorgestellte Möglichkeit der Temperaturmessung. Deren Anbringung an Exzenterwerkzeugen sind konstruktiv schwierig und wirtschaftlich nahezu unmöglich.

Die Inspektion der Oberfläche muss direkt in-situ auf der Maschine gemacht werden. Aufgrund des komplexeren Aufbaus gegenüber ex-situ Messungen, geht man bei in-situ Messungen der Form von einer Abweichung kleiner drei Prozent aus [Fan98]. Diese Genauigkeit reicht für abschließende Korrekturprozesse nicht aus. Die Messung des Abtrages über Sensoren könnte aber in ersten Polierschritten das Offline-vermessen komplett einsparen. Ferner ist eine Anwendung des vorgestellten Machine learning Modells für Asphären sinnvoll. Durch ihre komplexe Geometrie können diese entweder nur in Teilbereichen oder nur durch Computer generierte Hologramme vermessen werden. Letzteres muss für jede Prüfgeometrie angepasst werden, was wirtschaftlich nur in der Serienproduktion sinnvoll ist [Pru17].

Werden Beschleunigungssensoren mit drei Messachsen in den jeweiligen Raumkoordinaten verwendet, kann die Position des Polierwerkzeugs zu jedem Zeitpunkt berechnet werden. Mit Hilfe des Neigungssensors kann dies ebenfalls berechnet werden, jedoch ausschließlich für konkave und konvexe Optiken. In Kombination mit Abtragssensorik (z. B. Konfokalsensoren) oder der Verwendung des Machine learning Modells kann auf einen Großteil der Messtechnik in der Optikfertigung verzichtet werden.

Dies betrifft vor allem die ersten Polierschritte in der iterativen Politur.

Machine learning kommt immer dann sinnvoll zum Einsatz, wenn man eine grobe Ahnung von der vorliegenden Problemstellung hat. Ohne eigene empirische Erfahrungen beim Polieren wäre eine sinnvolle Auswahl der Sensoren oder eine sinnvolle Bewertung des Machine learning Modells nicht möglich gewesen. Durch die hohe Anzahl der Netzparameter wird Machine learning immer noch als »Blackbox« bezeichnet. Es ist schwierig die Berechnungen nachzuvollziehen.

Durch die unterschiedliche Bearbeitungszeiten des Polierfeldes ergibt sich eine unterschiedliche Anzahl an Sensor- und Abtragsdaten. Demzufolge kommt es zur Verzerrung beim Trainieren des Machine learning Modells. Abhilfe könnte die Anpassung der Abtrastrate schaffen. Aufgenommene Daten werden dabei jedoch nicht alle genutzt. Ein in-line Feedback des Abtrages durch das Machine learning Modell ist derzeit nicht gegeben. Die Datenaufbereitung pro Datensatz ist derzeit zu zeitintensiv. Mit hardwarenaher Programmierung oder der Optimierung der Datenaufbereitung kann der Prozess beschleunigt werden. Die Beschleunigung durch eine geeignete Wahl an Hardware zur Berechnung könnte ebenfalls Abhilfe verschaffen.

8 Zusammenfassung und Ausblick
Summary and outlook

In zahlreichen Anwendungsfeldern, z. B. Lithographie-Linsen oder Astrospiegeln stellen heutzutage leistungsfähige optische Systeme eine Schlüsselkomponente dar. Hochpräzise Glaslinsen und glaskeramische Spiegelträger bestimmen als zentrale Komponenten maßgeblich die Leistungsfähigkeit der Systeme. Stetige Anforderungen und Ausweitungen der Anwendungsfelder fordern eine Steigerung der Fertigungsqualität hinsichtlich der Formgenauigkeit. Die Politur bestimmt maßgeblich die Qualität innerhalb der Fertigungskette von Glasoptiken.

Trotz der jahrtausendealten Verwendung der Politur durch den Menschen sind grundlegende Wirkmechanismen nicht vollständig verstanden. Das Erstellen von physikalischen Modellen bietet nur die Möglichkeit einzelne Aspekte der Politur zu betrachten. Eine Einordnung der Polierverfahren nach den Wirkprinzipien der Politur ist ebenso wenig hilfreich. Abhängig von dem zu polierenden Werkstück bzw. dem Material muss der Polierprozess als Ganzes betrachtet werden. Die Auswahl u. a. von Poliermittel, Polierbelag und Kinematik muss individuell für die Problemstellung getroffen werden. Eine Möglichkeit derlei komplexe Systeme annähernd vollständig darzustellen, bieten datengetriebene Systeme. Eine Vielzahl an Hauptprozessparametern werden gesammelt und durch statistische Auswertung, Big Data Modelle oder Machine learning Modelle analysiert.

In der vorliegenden Arbeit wurde ein solches intelligentes Glas-Poliersystem für jegliche Konturen, nicht ausschließlich für Planproben, aufgebaut. Die Grundlage bilden mit Sensoren ausgestatte Roboterpolierköpfe. Einen vorhandenen, industriellen Polierkopf mit Sensoren zu erweitern, erweist sich als aufwendiger als das Erstellen eines neuen und darauf optimierten Polierkopfes. Verbesserte Komponenten und Aktoren (u. a. Keramikkugellager, dynamische rotatorische und linear-Motoren) finden durch die Neukonstruktion Verwendung. Daher weist dieser Polierkopf geringere Divergenzen im laufenden Polierprozess auf und die Sensoren können in ihrer Bestimmung direkt eingesetzt werden. Eine indirekte Messung, beispielsweise der Drehzahlmessung am Getriebe und nicht am Motor, ist bei der Neukonstruktion nicht nötig. Allein die Auswertung der Sensordaten über Standardverfahren zeigen die Notwendigkeit eines solchen sensorbasierten Aufbaus.

Aus einem herkömmlichen Basismodell wird durch Hyperparameteroptimierung ein optimiertes Machine learning Modell erstellt. Die Netzparameter des Neuronalen Netzes sind erneut in Tabelle 8-1 dargestellt. Das optimierte und anschließend trainierte Netz hat eine Vorhersagenwahrscheinlichkeit von 99,22 % und übertrifft damit alle bisherigen Literaturwerte.

Tabelle 8-1: Tabelle des Neuronalen Netzes mit der besten Vorhersagenwahrscheinlichkeit

	Netzparameter		
Optimierer	adam		
Batchsize	64		
Epochen	39		
Lernrate	0,001		
Schicht	Anzahl Neuronen	Aktivierungsfunktion	Dropout [%]
1	256	ReLu	0,24
2	1024	Sigmoid	14,20
3	512	Sigmoid	12,00
4	128	Sigmoid	34,26
Ausgabeschicht	1	linear	-
Merkmale	fluid_pH, PTPY, tiltY, fluid_density, current_NC, torque_NC, tiltX, fluid_temp, Force, fluid_temp2, RMSY, rpm_NC, Motortemp, PtPX, RMSX		

Einem datengetriebenen Modell fehlt die Generalisierbarkeit: es gilt nur für diese oder ähnliche Roboterzellen mit diesem Polierkopf und den Eingangsparametern. Schwanken die Prozessparameter zu stark, ist der Verschleiß des Polierkopfes zu hoch oder werden andere Werkstoffmaterialien verwendet, kann das Machine learning Modell keine ausreichende Aussage über den Abtrag treffen. Die Prozessdivergenz der einzelnen Parameter wird als Nebenprodukt aufgenommen und kann maschinell oder manuell zusätzlich ausgewertet werden. In einer industriellen Fertigungsumgebung kann das datengetriebene Modell beispielsweise für ein Polierkopftyp, die jeweils an einem Roboter eines gemeinsamen Roboterherstellers angebracht sind, verwendet werden. Eine Anwendung für andere Gläser ist ebenfalls zu überprüfen.

Ein hier dargestellter datengetriebener Ansatz eröffnet neue Möglichkeiten in der optischen Politur. In dem Machine learning Modell können zusätzlich verschiedene Glaswerkstoffe als Parameter berücksichtigt werden, sodass ein Machine learning Modell für mehrere Gläser zum Einsatz kommt. Es ist anzunehmen, dass ähnliche Gläser bzw. Gläser gleicher Glasfamilien ähnliche Polierprozessparameter haben. Dies muss derzeit noch validiert werden. Resultierend daraus müsste nicht für jede einzelne Glassorte ein eigenständiger Versuchsplan durchgeführt werden. Bei der Entwicklung neuer Glassorten oder dem Einsatz bisher nicht berücksichtigter Gläser können durch ein solches Modell schneller Polierprozessparameter bestimmt werden.

Der Hersteller der verwendeten SPS bietet inzwischen Schnittstellen für bereits trainierte Machine learning Modelle an. Trainierte Neuronale Netz mit ihren Parametern (u. a. Anzahl der Schichten, Anzahl der Neuronen, einzelne Gewichtungen der Neuronen) können auf die SPS geladen und verwendet werden. Derzeit ist das System nicht echtzeitfähig, sodass eine leichte Verzögerung von wenigen Sekunden entsteht. Aussagen über den Abtrag müssten nicht mehr offline getroffen werden, sondern können ebenfalls von der SPS im Prozess zur Verfügung gestellt [Bec21].

Die Rauheit nach den einzelnen Polierschritten und Schädigungen unter der Oberfläche, sogenannte »Sub Surface Damages« (SSD), werden in der vorliegenden Arbeit in der Politur nicht berücksichtigt. Bei Verwendung eines Polierrades entstehen jedoch Strukturen in der Drehrichtung des Polierrades. Abbildung 8-1 zeigt eine Weißlichtinterferometermessung nach einem Poliervorgang. Die richtungsabhängigen Spuren des Polierrades sind eindeutig erkennbar. Erste Versuche zur Anwendung der »Maximum Entropie Methode« [Dai09] fanden am Rande dieser Arbeit satt, ohne Teil dieser Arbeit zu sein. Dabei wird der Polierkopf um seine Z-Achse, senkrecht zum Kontaktpunkt des Polierkopfes gedreht. Kontrolliertes Chaos soll in die Polierbahn gebracht werden, um Polierstrukturen zu vermeiden bzw. zu verringern.

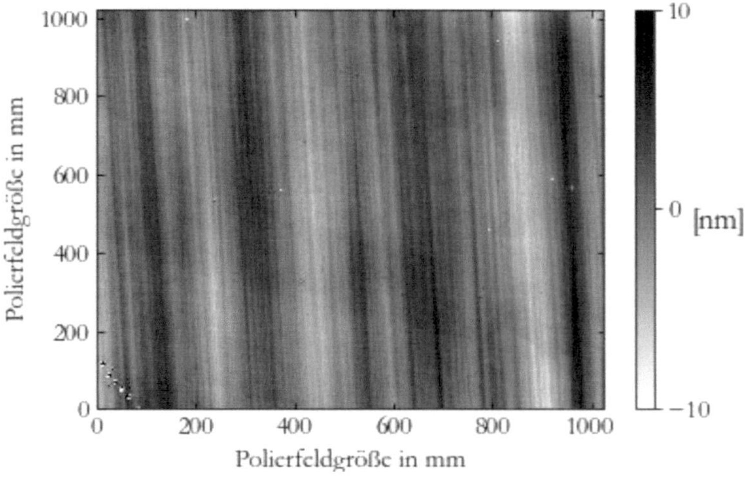

Abbildung 8-1: WLI Messung der Strukturen durch ein Radpolierwerkzeug

Bildinformationen: Michelson-Objektiv; Vergrößerung: 5,5-fach; Zoom: 2-fach; Messfeldgröße: 0,79 x 0,79 mm;
Sa-Wert: 2,11 nm; Sq-Wert: 4,3 nm; Sz-Wert: 732,55 nm;

Drehrichtung Polierrad in Strukturrichtung; Messfeld um ca. 4° verdreht

Teile dieser vorliegenden Arbeit sind im BMBF Projekt Optec 4.0 entstanden, dessen essenzielle technische Zielstellung die digitale Vernetzung der Hochschulen Deggendorf, Jena und Aalen ist. Darüber hinaus wurde ein fachspezifisches Promotionskolloquium in Kooperation mit der TU Ilmenau geschaffen. Im Rahmen dieses Projektes entstand die Idee, diese Arbeit und die Promotion von Herrn Michael Benisch miteinander zu kombinieren. In dieser kombinierten Veröffentlichung wird zusätzlich ein Konfokalsensor eingesetzt, um den Abtrag und die Rekondensation in-situ sichtbar zu machen. Diese Veröffentlichung ist zum Zeitpunkt der Beendigung dieser Promotionsschrift nicht abgeschlossen. Herr Benisch beschäftigt sich in seiner Promotion mit dem Sensoreinsatz in kommerziellen Glas-Poliermaschine und thermischen Einfluss in der Glas-Politur. Dabei soll durch eine thermische Erhöhung die chemische Reaktion in der Politur beschleunigt werden.

Obwohl die zentrale Fragestellung nach einem datenbasierten Poliermodell beantwortet ist, haben sich im Verlauf der Arbeit zusätzliche Fragen ergeben, die in zukünftigen Forschungsarbeiten weiterverfolgt werden sollten. Die Optikbranche sollte in Zukunft der Forschungsgemeinschaft standardisierte Machine learning Daten bereitstellen. Dadurch können Forscher die Daten ohne den ganzen Aufwand eines eigenen Aufbaus nutzen und die Optikbranche würde im Gegenzug bessere Algorithmen und bessere Ergebnisse erhalten. Dies hat beim CMP zum Vorantreiben der Technologie und zur Veröffentlichung zahlreicher Fachartikel geführt. Zusätzlich sollten Sensoren näher am Polierspalt angebracht werden, um ein datenbasiertes System für die Wirkmechanismen im Wirkspalt zu entwickeln. Konstruktive Verbesserungen der Polierköpfe können und werden das Prozessverständnis weiter erheblich verbessern. Dies ermöglicht auch der Betrachtung weiterer und auch neuer Fragestellungen in der Politur.

Mit dem Einsatz der Sensorik für die Datengenerierung eröffnen sich parallel neue Möglichkeiten in der Politur. Es können mit den Sensoren und dem Machine learning Modell oder einer statistischen Versuchsplanung geeignete Prozessparameter herausgefunden, die Prozessdivergenz beobachtet und direkte oder indirekte Rückschlüsse auf den Prozess gezogen werden. Im letzten Fall wurde gezeigt, dass über die Kippung des Polierkopfes die Position auf gekrümmten Flächen bestimmt, über die Motortemperatur ein Schadensfall am Polierkopf gemessen und durch die Polierflüssigkeitstemperatur eines kleinen Reservoirs bestimmt werden kann, ob das Polierrad im Gleich- oder im Gegenlauf fährt. Über die Normalkraft konnte der Schlupf am Polierrad detektiert werden. Einer der Sensoren, die in dieser Arbeit keine Berücksichtigung fand, ist das Viskosimeter. In der Veröffentlichung »High precision polishing with ketchup« konnte der theoretische Einfluss der Thixotropen-Viskosität auf das Poliererergebnis gezeigt werden. Nicht newtonsche Flüssigkeitseigenschaften haben einen Einfluss auf den Abtrag (Rheopexie) oder auf die Rauheit (Thixotropie). Umgekehrt könnte mit dem Viskositätswert die Prozessschwankung der Polierkraft zumindest quantitativ ermittelt werden. Es ist zu erwarten, dass die Entfernung des Sensors zum Wirkspalt (Wirkzone der Polierkraft) und der damit verbundenen Veränderung des Viskositätswerts einen entscheidenden Einfluss auf die Genauigkeit der Messauflösung hat.

Ein hohes Interesse seitens der Wirtschaft ist aufgrund des hohen Wachstums in der Photonikbranche und der Fokussierung der deutschen Unternehmen auf Präzisionsoptiken gegeben. Der Wandel von einer empirischen, erfahrungs- hin zu einer wissensbasierten Prozessgestaltung gilt als unabdingbarer Schritt für die Erhaltung der Wettbewerbsfähigkeit des Produktions- und Forschungs-Standortes Deutschland. Die Politur ist derzeit nicht hinlänglich erforscht.

9 Anhang
Appendix

9.1 Ishikawa-Diagramm
Ishikawa-diagram

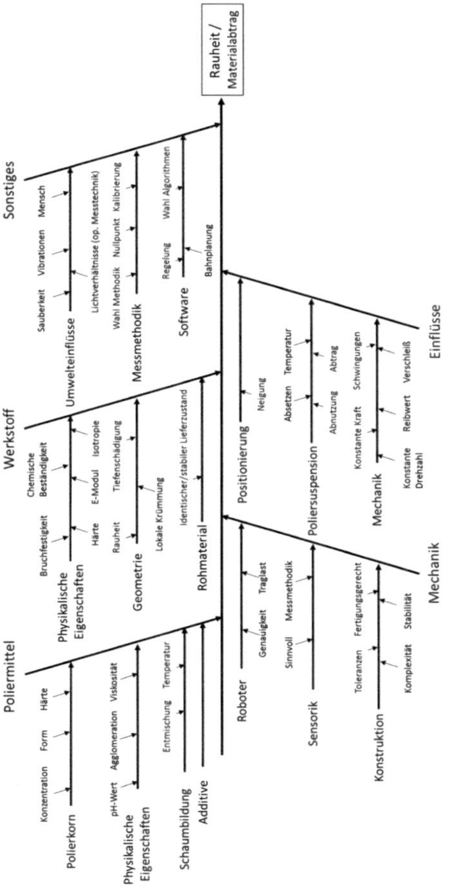

9.2 Ergebnis Netzwerkoptimierung
Network optimisation result

Schicht	Neuronen	Akt.-funktion	Dropout [%]	Evaluierung MSE Training [µm²]	Validierung [µm²]	Test [µm²]
1	1024	ReLU	0,0017	$4{,}991 \cdot 10^{-3}$	$4{,}860 \cdot 10^{-3}$	$4{,}993 \cdot 10^{-3}$
1	1024	ReLU	0,1337	$4{,}672 \cdot 10^{-3}$	$4{,}470 \cdot 10^{-3}$	$4{,}518 \cdot 10^{-3}$
2	128	Sigmoid	0,0420			
1	1024	ReLU	0,2330			
2	512	Sigmoid	0,0191	$4{,}67 \cdot 10^{-3}$	$3{,}977 \cdot 10^{-3}$	$4{,}052 \cdot 10^{-3}$
3	64	Sigmoid	0,2180			
1	512	ReLU	0,0023			
2	1024	Sigmoid	0,1420	$3{,}98 \cdot 10^{-3}$	$3{,}44 \cdot 10^{-3}$	$3{,}53 \cdot 10^{-3}$
3	512	Sigmoid	0,1200			
4	128	Sigmoid	0,3426			
1	2048	ReLU	0,0708			
2	512	Sigmoid	0,0008			
3	2048	Sigmoid	0,1930	$3{,}81 \cdot 10^{-3}$	$3{,}47 \cdot 10^{-3}$	$3{,}5 \cdot 10^{-3}$
4	2048	Softplus	0,2284			
5	2048	Softplus	0,7646			

9.3 Verwendete Hard- und Software

Used Hard- and Software

Tabelle 8-2: Verwendete Hardware in der vorliegenden Arbeit

Hardware	Beschreibung
CPU	Intel Core i7-9700K; 3,6 GHz
GPU	NVIDIA GeForce RTX 2070 Super

Tabelle 8-3: Verwendete Software in der vorliegenden Arbeit

Software	Version
Python	3.8.3
Tensorflow	2.4.0
Keras	2.4.4
CUDA	11.2
Design-Expert	12

9.4 Sensoren

Sensors

Sensor	Bezeichnung	Messprinzip	Messbereich	Genauigkeit
pH-Sensor	Mettler-Toledo InPro4801i/SG/120	Diaphragma	1 - 14 mol/l	± 0,05 mol/l
Neigungssensor	Gemac IS2XP045-I-EL	kapazitiv	± 45°	± 0,30°
Dichtesensor	Anton-Paar L-Dens2300 SST	Biegeschwinger	0,5 - 2 g/cm^3	$1x10^{-3}$ g/cm^3
Motor	AM8111 mit EL7201	unbekannt	0 - 4.000 min^{-1}	$1{,}083x10^{-6}$ Nm [1]
Kraftmessdose	PW15BC3/7.5KG-1	DMS	7,5 kg	± 1,5 x 10^{-3} kg [2]
Beschleunigungs-sensor	Baluff BCM R15E-001-DI00-01,5-S4	kapazitiv	0 - 220 mm	± 7 % [3]

[1] Nur für Drehmoment bekannt

[2] Zusammengesetzter Fehler nach OIML R60, nur Wägezelle; ohne Messkraftverstärker

[3] Zusammengesetzt: ± 5 % Messfehler und ± 2 % Linearitätsfehler

10 Literaturverzeichnis
Bibliography

[Abi05] ABIADE, J. T. ; CHOI, W. ; SINGH, R. K.; *Effect of pH on ceria–silica interactions during chemical mechanical polishing*. In: *Journal of Materials Research* 20 (2005), Nr. 5, S. 1139–1145

[Agg18] AGGARWAL, C. C.; *Machine learning for text*; Cham : Springer, 2018. URL http://www.springer.com/

[Ahn02] AHN, J.H ; LEE, M.C ; JEONG, H.D ; KIM, S.R ; CHO, K.K; *Intelligently automated polishing for high quality surface formation of sculptured die*. In: *Journal of Materials Processing Technology* 130-131 (2002), S. 339–344

[Alb19] ALBON, C. ; LANGENAU, F.; *Machine Learning Kochbuch : Praktische Lösungen mit Python: von der Vorverarbeitung der Daten bis zum Deep Learning*; O'Reilly, 2019

[Alm17] ALMEIDA, R. ; BÖRRET, R. ; RIMKUS, W. ; HARRISON, D. K. ; DESILVA, A. K. M.; *Material removal simulation for steel mould polishing*. In: *Production & Manufacturing Research* 5 (2017), Nr. 1, S. 235–249

[Ana16] ANANDKUMAR, A. ; DENG, Y. ; GE, R. ; MOBAHI, H.; *Homotopy Analysis for Tensor PCA*; Conference On Learning Theory (COLT) 2017, 28.10.2016. URL http://arxiv.org/pdf/1610.09322v4

[Asp72] ASPDEN, R. ; MCDONOUGH, R. ; NITCHIE, F. R.; *Computer assisted optical surfacing*. In: *Applied optics* 11 (1972), Nr. 12, S. 2739–2747

[Bac95] BACH, H. (Hrsg.); *Low thermal expansion glass ceramics : With 18 tables*; Berlin : Springer, 1995

[Baj76] BAJUK, D. J.; *Computer Controlled Generation of Rotationally Symmetric Aspheric Surfaces.* In: *Optical Engineering* 15 (1976), Nr. 5

[Bak46] BAKER, T. C. ; PRESTON, F. W.; *The Effect of Water on the Strength of Glass.* In: *Journal of Applied Physics* 17 (1946), Nr. 3, S. 179–188

[Ban01] BANKO, M. ; BRILL, E.; *Scaling to very very large corpora for natural language disambiguation.* In: *Proceedings of the 39th Annual Meeting of the Association for Computational Linguistics* (2001), S. 26–33

[Bar16] BARTHELD, C. S. von ; BAHNEY, J. ; HERCULANO-HOUZEL, S.; *The search for true numbers of neurons and glial cells in the human brain: A review of 150 years of cell counting.* In: *The Journal of comparative neurology* 524 (2016), Nr. 18, S. 3865–3895

[Bea14] BEAUCAMP, A.T.H. ; NAMBA, Y.; *Technological Advances in Super Fine Finishing.* In: *EUSPEN 14th International Conference Croatia (KEYNOTE)* (2014)

[Bec08a] BECKER, E. ; PRANGE, A. ; CONRADT, R.; *Modellierung der chmischen Einflüsse auf den Polierprozess optischer Gläser : IGF/AiF-Nr. 14741 N*; 2008a

[Bec08b] BECKER, E. ; PRANGE, A. ; CONRADT, R.; *Simulation of the Chemical Influences to the Polishing Process of Optical Glasses.* In: *Advanced Materials Research* 39-40 (2008b), S. 293–298

[Bec09] BECKER, E. ; PRANGE, A. ; CONRADT, R.; *Chemical-Mechanical Polishing of Optical Glasses.* In: *MRS Proceedings* 1157 (2009), S. 235

[Bec11] BECKER, E.; *Chemisch-mechanische Politur von optischen Glaslinsen.* Zugl.: Aachen, Techn. Hochsch., Diss., 2011; Aachen : Shaker, 2011

[Bec12] BECKER, E. ; ACHTSNICK, M.; *The role of the Zetapotential in the Polishing Process of Optical Glasses*; 2012, OM4D.4

[Bec21] BECKHOFF AUTOMATION; *Maschinelles Lernen für alle Bereiche der Automatisierung.* URL https://www.beckhoff.com/de-de/produkte/automation/twincat-3-machine-learning/ – Überprüfungsdatum 2021-03-04

[Bei04] BEILBY, G. T.; *Surface flow in crystalline solids under mechanical disturbance.* In: *Proceedings of the Royal Society of London* 72 (1904), 477-486, S. 218–225

[Bei22] BEILBY, G. T.; *Aggregation and flow of solids. By Sir G. Beilby. Pp. xv.+256. (London: Macmillan and Co., Ltd. 1921.) Price 20s. net.* In: *Journal of the Society of Chemical Industry* 41 (1922), Nr. 1, R20-R20

[Bid69] BIDDLES, B. J.; *A Non-contacting Interferometer for Testing Steeply Curved Surfaces.* In: *Optica Acta: International Journal of Optics* 16 (1969), Nr. 2, S. 137–157

[Bje07] BJELKEMYR, M. ; SEMERE, D. ; LINDBERG, B.; *An Engineering Systems Perspective on System of Systems Methodology*; 09.04.2007 - 13.04.2007, S. 1–7

[Bli18] BLIEDTNER, J. ; HENKEL, S. ; SCHWAGER, A.-M. ; GÖTZE, K. ; GERHARDT, M. ; FUHR, M.; *New Process Chain for the Production of Complex Freeforms.* In: *Optik & Photonik* 13 (2018), Nr. 2, S. 35–39

[Bli19] BLIEDTNER, J.; *Optiktechnologie : Grundlagen - Verfahren - Anwendungen - Beispiele*; 2019

[Bon96] BONING, D. S. ; MOYNE, W. P. ; SMITH, T. H. ; MOYNE, J. ; TELFEYAN, R. ; HURWITZ, A. ; SHELLMAN, S. ; TAYOR, J.; *Run by run control of chemical-mechanical polishing.* In: *IEEE Transactions on Components, Packaging, and Manufacturing Technology: Part C* 19 (1996), Nr. 4, S. 307–314

[Bou14] BOULESTEIX, A. ; SCHMID, M.; *Machine learning versus statistical modeling.* In: *Biometrical journal. Biometrische Zeitschrift* 56 (2014), Nr. 4, S. 588–593

[Box90] BOX, G.E.P.; *GEORGE'S COLUMN.* In: *Quality Engineering* 2 (1990), Nr. 4, S. 497–502

[Bra54] BRAUER, G. ; GRADINGER, H.; *ber heterotype Mischphasen bei Seltenerdoxyden. I.* In: *Zeitschrift fr anorganische und allgemeine Chemie* 276 (1954), 5-6, S. 209–226

[Bra57] BRAUER, G. ; GINGERICH, K.; *Zum System der Ceroxyde.* In: *Angewandte Chemie* 69 (1957), 13-14, S. 480

[Bra08] BRAUNECKER, B. ; HENTSCHEL, R.; *Advanced optics using aspherical elements*; Bellingham, Wash. : SPIE Press, 2008

[Bri00] BRINKMANN, U.; *Deutsche Agenda Optische Technologien für das 21. Jahrhundert* : *Potenziale, Trends und Erfordernisse*; Düsseldorf : VDI-Technologiezentrum, 2000

[Bro14] BROWNLEE, J.; *An Introduction to Feature Selection*. URL https://machinelearningmastery.com/an-introduction-to-feature-selection/. – Aktualisierungsdatum: 2020-08-15 – Überprüfungsdatum 2021-03-02

[Brü18] BRÜCKLER, F. M.; *Geschichte der Mathematik kompakt* : *Das Wichtigste aus Analysis, Wahrscheinlichkeitstheorie, angewandter Mathematik, Topologie und Mengenlehre*; Berlin, Heidelberg : Springer Spektrum, 2018. URL http://dx.doi.org/10.1007/978-3-662-55574-3

[Byr99] BYRNE, G. ; MULLANY, B. ; YOUNG, P.; *The Effect of Pad Wear on the Chemical Mechanical Polishing of Silicon Wafers*. In: *CIRP Annals* 48 (1999), Nr. 1, S. 143–146

[Che14] CHEN, G. ; YI, K. ; YANG, M. ; LIU, W. ; XU, X.; *Factor Effect on Material Removal Rate During Phosphate Laser Glass Polishing*. In: *Materials and Manufacturing Processes* 29 (2014), Nr. 6, S. 721–725

[Cho10] CHOK, N. S.; *Pearson's Versus Spearman's and Kendall's Correlation Coefficients for Continuous Data*. Master's Thesis; 2010. URL http://d-scholarship.pitt.edu/8056/

[Cho15] CHOLLET, F.; *Keras*. URL keras.io – Überprüfungsdatum 2020-12-25

[Cho14] CHOROMANSKA, A. ; HENAFF, M. ; MATHIEU, M. ; AROUS, G. B. ; LECUN, Y.; *The Loss Surfaces of Multilayer Networks*. 30.11.2014

[Coo90] COOK, L. M.; *Chemical processes in glass polishing*. In: *Journal of Non-Crystalline Solids* 120 (1990), 1-3, S. 152–171

[Cro16] CROWD FLOWER; *Data Science - Report 2016*; 2016

[Cur95] CURTIS, J. ; READE, J. ; COLLON, D.; *Art and empire : Treasures from Assyria in the British Museum*; New York : Metropolitan Museum of Art, 1995

[Dai09] DAI, Y. ; SHI, F. ; PENG, X. ; LI, S.; *Restraint of mid-spatial frequency error in magneto-rheological finishing (MRF) process by maximum entropy method*. In: *Science in China Series E: Technological Sciences* 52 (2009), Nr. 10, S. 3092–3097

[Dam05] DAMBON, O.; *Das Polieren von Stahl für den Werkzeug- und Formenbau*. Zugl.: Aachen, Techn. Hochsch., Diss., 2005; Aachen : Shaker, 2005

[Der10] DERST, G. ; GIGGEL, V.; *Fabrication technologies for large optical components at Carl Zeiss Jena GmbH*; 2010, S. 773903

[DGA20] DGAO; *Programm der Ausgefallenen 121. Jahrestagung : Deutsche Gesellschaft für angewandte Optik*; 2020. URL https://www.dgao.de/sites/default/files/jahrestagung/downloads/20-0587_IH_Tagungsband_2020_08.02.pdf

[Die13] DIESTE, J. A. ; FERNÁNDEZ, A. ; ROBA, D. ; GONZALVO, B. ; LUCAS, P.; *Automatic Grinding and Polishing Using Spherical Robot*. In: *Procedia Engineering* 63 (2013), S. 938–946

[Die42] DIETZEL, A.; *Die Kationenfeldstärken und ihre Beziehungen zu Entglasungsvorgängen, zur Verbindungsbildung und zu den Schmelzpunkten von Silicaten*; Januar 1942, S. 9–23. URL https://doi.org/10.1002/bbpc.19420480104

[DIN03] DIN; *Fertigungsverfahren Spanen - Teil 15: Läppen; Einordnung, Unterteilung, Begriffe*; Beuth Verlag GmbH, 2003

[DIN09] DIN; *DIN 58722-1 - Optikfertigung* : *Begriffe der Optikfertigung - Teil 1: Arbeitsverfahren*; Beuth Verlag GmbH, Februar 2009

[DIN13] DIN; *DIN 58750-1 - Optikfertigung_- Prüfung von Poliermitteln für die Optik_- Teil_1: Physikalische und kolloidchemische Eigenschaften*; Berlin : Beuth Verlag GmbH, 2013

[DIN14] DIN; *DIN 60050-351 - Leittechnik* : *Internationales Elektrotechnisches Wörterbuch - Teil 351*; Beuth Verlag GmbH, September 2014

[DIN16] DIN; *DIN 1259-1 - Glas* : *Teil 1: Begriffe für Glasarten und Glasgruppen*; Beuth Verlag GmbH, November 2016

[DIN20] DIN; *DIN 8580 - Fertigungsverfahren* : *Begriffe, Einteilung*; Beuth Verlag GmbH, Januar 2020

[Dir17] DIRK H.E., UDO D., ERIC E.; *Verfahren zur Herstellung eines Substrats und Substrat : Offenlegungsschrift*; 17.05.2017

[Döh08] DÖHRING, T. ; JEDAMZIK, R. ; THOMAS, A. ; HARTMANN, P.; *Forty years of ZERODUR mirror substrates for astronomy: review and outlook*; 2008, 70183B

[Dör01] DÖRBAND, B. ; SEITZ, G.; *Interferometric testing of optical surfaces at its current limit*. In: *Optik* 112 (2001), Nr. 9, S. 392–398

[Dör94] DÖRFLER, HD.; *Grenzflächen- und Kolloidchemie*; Weinheim : VCH, 1994

[Dra13] DRAXINGER, S. ; WÜNSCHE, C. ; RASCHER, R.; *Subaperture-polishing with variable spots*; 2013, FT3B.4

[Dun90] DUNKEN, H.; *Glasbearbeitung aus physikalisch-chemischer Sicht*. In: *Nachrichten aus Chemie, Technik und Laboratorium* 38 (1990), 7-8, S. 998–1002

[Ero19] EROWA; *Datenblatt PowerChuck P*; 04/2019

[Esb18] ESBENSEN, K. H. ; SWARBRICK, B. ; WESTAD, F. ; WHITCOMBE, P. ; ANDERSEN, M.; *Multivariate data analysis : An introduction to multivariate analysis, process analytical technology and quality by design*; Oslo, Magnolia, TX : CAMO, 2018

[Eva03] EVANS, C. J. ; PAUL, E. ; DORNFELD, D.; *Material Removal Mechanisms in Lapping and Polishing*; 2003. URL https://escholarship.org/uc/item/4hw2r7qc

[Fäh98] FÄHNLE, O. W. ; BRUG, H. ; FRANKENA, H. J.; *Fluid jet polishing of optical surfaces*. In: *Applied optics* 37 (1998), Nr. 28, S. 6771–6773

[Fan98] FANG, S. J. ; BARDA, A. ; JANECKO, T. ; LITTLE, W. ; OUTLEY, D. ; HEMPEL, G. ; JOSHI, S. ; MORRISON, B. ; SHINN, G. B. ; BIRANG, M.; *Control of dielectric chemical mechanical polishing (CMP) using an interferometry based endpoint sensor*; 1-3 June 1998, S. 76–78

[Fin60] FINNIE, I.; *Erosion of surfaces by solid particles*. In: *Wear* 3 (1960), Nr. 2, S. 87–103

[Fra19] FRANK H., LARS K., JOAQUIN V.; *Automated machine learning : Methods, systems, challenges*; 2019

[Fre90] FREISCHLAD, K. R. ; KUECHEL, M. F. ; SCHUSTER, K. H. ; WEGMANN, U. ; KAISER, W. M.; *Real-time wavefront measurement with lambda/10 fringe spacing for the optical shop*; 1990, S. 18

[Fu01] FU, G. ; CHANDRA, A. ; GUHA, S. ; SUBHASH, G.; *A plasticity-based model of material removal in chemical-mechanical polishing (CMP)*. In: *IEEE Transactions on Semiconductor Manufacturing* 14 (2001), Nr. 4, S. 406–417

[Gar19] GARCIA, L.: *Machine Learning Roboter Polierzelle - Entwicklung eines neuronalen Netzes für Polierprozesse*. Aalen, Hochschule Aalen, Zentrum für Optische Technologien. Masterthesis. 2019

[Gér20] GÉRON, A. ; ROTHER, K. ; DEMMIG, T.; *Praxiseinstieg Machine Learning mit Scikit-Learn, Keras und TensorFlow : Konzepte, Tools und Techniken für intelligente Systeme*; 2020

[Gey02] GEYL, R.; *Recent developments for Astronomy at SAGEM*; 2002, S. 67

[Gho18] GHOSH, G. ; SIDPARA, A. ; BANDYOPADHYAY, P. P.; *Fabrication of Optical Components by Ultraprecision Finishing Processes*; 2018, S. 87–119

[GIL59] GILLERY, F. H. ; BUSH, E. A.; *Thermal Contraction of beta-Eucryptite-. (Li2O.Al2O3.2SiO2) by X-Ray and Dilatometer Methods.* In: *Journal of the American Ceramic Society* 42 (1959), Nr. 4, S. 175–177

[Glo11] GLOROT, X. ; A. BORDES, A. ; BENGIO, Y.; *Deep Sparse Rectifier Neural Networks*; 2011, S. 315–323. URL http://dblp.uni-trier.de/db/journals/jmlr/jmlrp15.html#GlorotBB11

[Gol99] GOLINI, D., KORDONSKI, WILLIAM I. ; DUMAS, Paul ; HOGAN, Stephen J.; *Magnetorheological finishing (MRF) in commercial precision optics manufacturing*; 1999, S. 80–91

[Gre35] GREBENSCHTSCHIKOW, I. W.; *Die Rolle der Chemie in Polierprozessen*; 1935

[Gro12] GROSS, H. ; DÖRBAND, B. ; MÜLLER, H.; *Handbook of optical systems, Volume 5, Metrology of optical components and systems*; Weinheim : Wiley-VCH, 2012. URL http://onlinelibrary.wiley.com/book/10.1002/9783527699230

[Hab91] HABERLAND, R. ; BLUME-WERRY. U.; SEYFRIED, P. (Mitarb.); KUNZMANN, H. (Mitarb.); MCKEOWN, P. (Mitarb.); WECK, M. (Mitarb.) ; *Measurement of Gap and Parameters in the Polishing Process of Optical Glass* : *Proceedings of the 6th International Precision Engineering Seminar (IPES 6)/2nd International Conference on Ultraprecision in Manufacturing Engineering (UME 2), May, 1991 Braunschweig, Germany*. Progress in Precision Engineering; Berlin, Heidelberg : Springer Berlin Heidelberg, 1991. URL http://dx.doi.org/10.1007/978-3-642-84494-2

[Hal09] HALEVY, A. ; NORVIG, P. ; PEREIRA, F.; *The Unreasonable Effectiveness of Data*. In: *IEEE Intelligent Systems* 24 (2009), Nr. 2, S. 8–12

[Ham01] HAMBÜCKER, S.; *Technologie der Politur sphärischer Optiken mit Hilfe der Synchrospeed-Kinematik*. Zugl.: Aachen, Techn. Hochsch., Diss., 2001; Aachen : Shaker, 2001

[Han16] HAN, X.; *Investigation on the complex interaction between particle and substrate in mechanical polishing of silica glass*. In: *The International Journal of Advanced Manufacturing Technology* 85 (2016), 9-12, S. 2567–2575

[Hay84] HAYES, J. B.; *Linear Methods of Computer Controlled Optical Figuring* : *PhD*; 1984

[Heb02] HEBB, D. O.; *The organization of behavior : A neuropsychological theory*; Mahwah, N.J : L. Erlbaum Associates, 2002. URL http://search.ebscohost.com/login.aspx?direct=true&scope=site&db=nlebk&db=nlabk&AN=129646

[Hei85] HEINICKE, G.; *Tribochemistry*. In: *Acta Polymerica* 36 (1985), Nr. 7, S. 400–401

[Hen01] HENSHILWOOD, C. S. ; D'ERRICO, F. ; MAREAN, C. W. ; MILO, R. G. ; YATES, R.; *An early bone tool industry from the Middle Stone Age at Blombos Cave, South Africa: implications for the origins of modern human behaviour, symbolism and language*. In: *Journal of human evolution* 41 (2001), Nr. 6, S. 631–678

[Hin06] HINTON, G. E. ; OSINDERO, S. ; TEH, Y. W.; *A fast learning algorithm for deep belief nets*. In: *Neural computation* 18 (2006), Nr. 7, S. 1527–1554

[Hin12] HINTON, G. E. ; SRIVASTAVA, N. ; KRIZHEVSKY, A. ; SUTSKEVER, I. ; SALAKHUTDINOV, R. R.; *Improving neural networks by preventing co-adaptation of feature detectors*. 03.07.2012

[Höl06] HÖLAND, W.; *Glaskeramik*; Zürich : vdf Hochschulverl., 2006. URL http://deposit.dnb.de/cgi-bin/dokserv?id=2821070&prov=M&dok_var=1&dok_ext=htm

[Ina01] INASAKI, I. ; KARPUSCHEWSKI, B. ; TÖNSHOFF, H. K.; *Sensors for Process Monitoring: Cutting Processes*; 2001, S. 203–235

[Izu86] IZUMITANI, T. S.; *Optical glass*; New York : American Institute of Physics, 1986

[Jäg10] JÄGER, G. ; HAUSOTTE, T. ; MANSKE, E. ; BÜCHNER, H.-J. ; MASTYLO, R. ; DOROZHOVETS, N. ; HOFMANN, N.; *Nanomeasuring and nanopositioning engineering.* In: *Measurement* 43 (2010), Nr. 9, S. 1099–1105

[Jia18] JIA, X. ; DI, Y. ; FENG, J.M YANG, Q. ; DAI, H. ; LEE, J.; *Adaptive virtual metrology for semiconductor chemical mechanical planarization process using GMDH-type polynomial neural networks.* In: *Journal of Process Control* 62 (2018), S. 44–54

[Jon68] JONES, R. A. ; KADAKIA, P. L.; *An automated interferogram analysis technique*. In: *Applied optics* 7 (1968), Nr. 8, S. 1477–1482

[Kal56] KALLER; *Zur Poliertheorie des Glases*; Silikattechnik, 1956

[Kal00] KALLER; *The basic mechanism of glass polishing.* In: *Die Naturwissenschaften* 87 (2000), Nr. 1, S. 45–47

[Kal80] KALLER A.; *Elementarvorgänge im Wirkspalt beim Polieren von Funktionsflächen spröder optischer Medien, insbesondere von Glas*; Berlin : Bauwesenverlag, 1980, S. 35–40

[Kal83] KALLER A.; *Einfluss der chemischen, kristallographischen und physikalischen Eigenschaften der Poliermittel beim Polieren des Glasses*; 1983, S. 15–17

[Kas90] KASAI, T. ; HORIO, K. ; KOBAYASHI, A.; *Improvement of Conventional Polishing Conditions for Obtaining Super Smooth Surfaces of Glass and Metal Works*. In: *CIRP Annals* 39 (1990), Nr. 1, S. 321–324

[Kel12] KELM, A. ; BOERRET, R. ; SINZINGER, S.; *Improving the polishing accuracy by determining the variance of the friction coefficient*. In: *Journal of the European Optical Society: Rapid Publications* 7 (2012)

[Kel16] KELM, A.: *Modellierung des Abtragsverhaltens in der Padpolitur*. Technische Universität Ilmenau. Dissertation. 2016. URL http://d-nb.info/1126750794/34

[Kha18] KHAKIFIROOZ, M. ; CHIEN, C. F,. ; CHEN, Y. J.; *Bayesian inference for mining semiconductor manufacturing big data for yield enhancement and smart production to empower industry 4.0*. In: *Applied Soft Computing* 68 (2018), S. 990–999

[Kha17] KHALICK M. A.E. ; HONG, J. ; WANG, D.; *Polishing of uneven surfaces using industrial robots based on neural network and genetic algorithm*. In: *The International Journal of Advanced Manufacturing Technology* 93 (2017), 1-4, S. 1463–1471

[Kii06] KIIKKA, C. ; NASSAR, T. ; WONG, H. A. ; KINCADE, J. ; HULL, T. ; GALLAGHER, B. ; CHANEY, D. ; BROWN, R. J. ; MCKAY, Andrew ; C., LESTER M. ET. AL.; *An overview of optical fabrication of the JWST mirror segments at Tinsley*; 2006, 62650V

[Kin14] KINGMA, D. P. ; BA, J.; *Adam: A Method for Stochastic Optimization.* 22.12.2014

[Kin10] KINSNER, W. ; KACPRZYK, J. ; WANG, Y. ; ZHANG, D.; *System Complexity and Its Measures: How Complex Is Complex* : *Advances in Cognitive Informatics and Cognitive Computing*; Berlin, Heidelberg : Springer Berlin Heidelberg, 2010

[Kle41] KLEMM, W. ; SMEKAL, A.; *Über den Grundvorgang des Polierens von Glsern.* In: *Die Naturwissenschaften* 29 (1941), 45-46, S. 688–690

[Kle11] KLEPPMANN, W.; *Taschenbuch Versuchsplanung* : *Produkte und Prozesse optimieren*; München : Hanser, 2011. URL http://www.hanser-elibrary.com/isbn/9783446427747

[Klo04] KLOCKE, F. ; PRITSCHOW, G.; *Autonome Produktion*; Berlin, Heidelberg : Springer Berlin Heidelberg, 2004

[Klo05] KLOCKE, F. ; KÖNIG, W.; *Fertigungsverfahren 2* : *Schleifen, Honen, Läppen*; Berlin, Heidelberg : Springer-Verlag Berlin Heidelberg, 2005. URL http://dx.doi.org/10.1007/3-540-27699-8

[Klo09a] KLOCKE, F. ; DAMBON, O. ; SCHNEIDER, U. ; ZUNKE, R. ; WAECHTER, D.; *Computer-based monitoring of the polishing processes using LabView.* In: *Journal of Materials Processing Technology* 209 (2009a), Nr. 20, S. 6039–6047

[Klo09b] KLOCKE, F. ; ZUNKE, R.; *Removal mechanisms in polishing of silicon based advanced ceramics.* In: *CIRP Annals* 58 (2009b), Nr. 1, S. 491–494

[Klo11] KLOCKE, F. ; BRECHER, C. ; ZUNKE, R. ; TUECKS, R.; *Corrective polishing of complex ceramics geometries.* In: *Precision Engineering* 35 (2011), Nr. 2, S. 258–261

[Klo18] KLOCKE, F.; *Fertigungsverfahren 2*; Berlin, Heidelberg : Springer Berlin Heidelberg, 2018

[Kom97] KOMANDURI, R. ; LUCCA, D. A. ; TANI, Y.; *Technological Advances in Fine Abrasive Processes.* In: *CIRP Annals* 46 (1997), Nr. 2, S. 545–596

[Kon11] KONG, Z. ; BEYCA, O. ; BUKKAPATNAM, S. T. ; KOMANDURI, R.; *Nonlinear Sequential Bayesian Analysis-Based Decision Making for End-Point Detection of Chemical Mechanical Planarization (CMP) Processes.* In: *IEEE Transactions on Semiconductor Manufacturing* 24 (2011), Nr. 4, S. 523–532

[Kro16] KROLL, A.; *Computational Intelligence* : *Probleme, Methoden und technische Anwendungen*; Berlin, Boston : De Gruyter Oldenbourg, 2016

[Kue90a] KUECHEL, M. F. ; WIEDMANN, W.; *In-process metrology for large astronomical mirrors*; 1990a, S. 280

[Kue90b] KUECHEL, M. F.; *New Zeiss interferometer*; 1990b, S. 655

[Kue02] KUECHEL, M. F.; *Precise and Robust Phase Measurement Algorithms*; 2002, S. 371–384

[Lai02] LAI, J. ; SAKA, N. ; CHUN, J.; *Evolution of Copper-Oxide Damascene Structures in Chemical Mechanical Polishing*. In: *Wear* 149 (2002), Nr. 1, G31

[Lam97] LAMBROPOULOS, J. C. ; XU, S. ; FANG, T.; *Loose abrasive lapping hardness of optical glasses and its interpretation*. In: *Applied optics* 36 (1997), Nr. 7, S. 1501–1516

[Lee16] LEE, H. ; LEE, D. ; JEONG, H.; *Mechanical aspects of the chemical mechanical polishing process: A review*. In: *International Journal of Precision Engineering and Manufacturing* 17 (2016), Nr. 4, S. 525–536

[Lee02] LEE, S. ; LU, Z. ; BABU, S. V. ; MATIJEVIĆ, E.; *Chemical mechanical polishing of thermal oxide films using silica particles coated with ceria*. In: *Journal of Materials Research* 17 (2002), Nr. 10, S. 2744–2749

[Lia18] LIANG, S. ; JIAO, X. ; TAN, X. ; ZHU, J.; *Effect of solvent film and zeta potential on interfacial interactions during optical glass polishing*. In: *Applied optics* 57 (2018), Nr. 20, S. 5657–5665

[Li13] LI, H. ; WALKER, D. ; YU, G. ; ZHANG, W.; *Modeling and validation of polishing tool influence functions for manufacturing segments for an extremely large telescope*. In: *Applied optics* 52 (2013), Nr. 23, S. 5781–5787

[Lim19] LIMA, B.M.R. ; RAMOS, L.C.S. ; OLIVEIRA, T.E.A. ; FONSECA, V. P. ; PETRIU, E. M.; *Heart Rate Detection Using a Multimodal Tactile Sensor and a Z-score BasedPeak Detection Algorithm*; 2019. URL https://proceedings.cmbes.ca/index.php/proceedings/article/view/850/843

[Li19] LI, Z. ; WU, D. ; YU, T.; *Prediction of Material Removal Rate for Chemical Mechanical Planarization Using Decision Tree-Based Ensemble Learning*. In: *Journal of Manufacturing Science and Engineering* 141 (2019), Nr. 3, S. 178

[Lu04] LU, J. ; ROGERS, C. ; MANNO, V. P. ; PHILIPOSSIAN, A. ; ANJUR, S. ; MOINPOUR, M.; *Measurements of Slurry Film Thickness and Wafer Drag during CMP*. In: *Wear* 151 (2004), Nr. 4, G241

[Luo01] LUO, J. ; DORNFELD, D. A.; *Material removal mechanism in chemical mechanical polishing: theory and modeling*. In: *IEEE Transactions on Semiconductor Manufacturing* 14 (2001), Nr. 2, S. 112–133

[Luo03a] LUO, J. ; DORNFELD, D. A.; *Effects of abrasive size distribution in chemical mechanical planarization: Modeling and verification*. In: *IEEE Transactions on Semiconductor Manufacturing* 16 (2003a), Nr. 3, S. 469–476

[Luo03b] LUO, J. ; DORNFELD, D. A.; *Review of Chemical-Mechanical Planarization Modeling for Integrated Circuit Fabrication*; 01.06.2003b. URL https://escholarship.org/uc/item/4ct2n4jh

[Luo04] LUO, J. ; DORNFELD, D. A.; *Integrated Modeling of Chemical Mechanical Planarization for Sub-Micron IC Fabrication : From Particle Scale to Feature, Die and Wafer Scales*; Berlin, Heidelberg : Springer, 2004. URL http://dx.doi.org/10.1007/978-3-662-07928-7

[Mac02] MACFARLANE, A. ; MARTIN, G.; *Glass : A world history*; Chicago : Univ. of Chicago Press, 2002. URL http://www.loc.gov/catdir/description/uchi052/2002020493.html

[Mag04] MAGEE, C. L. ; WECK, O. L.; *3.1.3 Complex System Classification*. In: *INCOSE International Symposium* 14 (2004), Nr. 1, S. 471–488

[Mal07] MALACARA, D.; *Optical Shop Testing*; Hoboken, NJ, USA : John Wiley & Sons, Inc, 2007

[Mas18] MASTERS, D. ; LUSCHI, C.; *Revisiting Small Batch Training for Deep Neural Networks*. 20.04.2018

[Mau98] MAURY, A. ; OUMA, D.; *A modification to Preston's equation and impact on pattern density effect modeling*; 1998. URL https://www.semanticscholar.org/paper/A-MODIFICATION-TO-PRESTON-’-S-EQUATION-AND-IMPACT-Maury-Ouma/c597b506a17db638e917b172feb9ce1d8a17f5e7

[Maz03] MAZAHERI, A. R. ; AHMADI, G.; *A Model for Effect of Colloidal Forces on Chemical Mechanical Polishing*. In: *MRS Proceedings* 150 (2003), Nr. 4, G233

[Maz12] MAZAL, J. ; BOERRET, R. ; KRENZ, M. ; SPEICH, M.; *Robot assisted fluid jet polishing of advanced materials : Proceedings of the 12th euspen International Conference Stockholm*; 2012

[Maz93] MAZZOLDI, P.; *From Galileo's "Occhialino" to optoelectronics : International conference, University of Padova, 9 - 12 June 1992*; Singapore : World Scientific, 1993

[McC43] MCCULLOCH, W. S. ; PITTS, W.; *A logical calculus of the ideas immanent in nervous activity*. In: *The Bulletin of Mathematical Biophysics* 5 (1943), Nr. 4, S. 115–133

[Mei03] MEILING, H. ; BANINE, V. ; KUERZ, P. ; BLUM, BD. ; HEERENS, G. J. ; HARNED, N.; *The EUV program at ASML: an update*; 2003, S. 24

[Mic20] MICOR-EPSILON; *Konfokal-chromatisches Sensorsystem*; 2020. URL https://www.micro-epsilon.de/download/products/cat-confocal/dax--confocalDT-IFS2403--de.html

[Min56] MINAKOV, A. G. ; DUBROVSKAYA, T. S.; *Some chemical processes in glass polishing*. In: *Glass and Ceramics* 13 (1956), Nr. 9, S. 407–409

[Min19] MINITAB; *Faktorielle und teilfaktorielle Versuchspläne*. URL https://support.minitab.com/de-de/minitab/18/help-and-how-to/modeling-statistics/doe/supporting-topics/factorial-and-screening-designs/factorial-and-fractional-factorial-designs/. – Aktualisierungsdatum: 2019 – Überprüfungsdatum 2020-12-25

[Min72] MINSKY, M. ; PAPERT, S. A.; *Perceptrons : An introduction to computational geometry*; Cambridge/Mass. : The MIT Press, 1972

[Moo19] MOODY, J.; *What does RMSE really mean?*; 5. September 2019. URL https://towardsdatascience.com/what-does-rmse-really-mean-806b65f2e48e

[Mul03] MULLANY, B. ; BYRNE, G.; *The effect of slurry viscosity on chemical–mechanical polishing of silicon wafers*. In: *Journal of Materials Processing Technology* 132 (2003), 1-3, S. 28–34

[Nag03] NAGATA, F. ; KUSUMOTO, Y. ; WATANABE, K. ; KIGUCHI, K. ; TSUDA, K. ; YASUDA, K. ; YOKOYAMA, K. ; UMETSU, M. ; MORI, N. ; OMOTO, M.; *High precision polishing robot using a learning-based surface following controller*; 16-20 July 2003, S. 91–96

[Nan95] NANZ, G. ; CAMILLETTI, L. E.; *Modeling of chemical-mechanical polishing: a review*. In: *IEEE Transactions on Semiconductor Manufacturing* 8 (1995), Nr. 4, S. 382–389

[Nat99] NATIONAL RESEARCH COUNCIL; *Harnessing light : Optical science and engineering for the 21st century*; Washington : National Acad. Press, 1999. URL http://dx.doi.org/10.17226/5954

[Neg04] NEGNEVITSKY, M.; *Artificial intelligence : A guide to intelligent systems*; Harlow : Pearson, 2004

[New10] NEWTON, I.; *Philosophiæ naturalis principia mathematica*; [Seaside] : Watchmaker, 2010

[Oja09] OJALA, M. ; GARRIGA, G. C.; *Permutation Tests for Studying Classifier Performance*; 06.12.2009 - 09.12.2009, S. 908–913

[OST68] OSTERTAG, W. ; FISCHER, G. R. ; WILLIAMS, J. P.; *Thermal Expansion of Synthetic β-Spodumene and β-Spodumene-Silica Solid Solutions.* In: *Journal of the American Ceramic Society* 51 (1968), Nr. 11, S. 651–654

[Oza95] OZAKI, F. ; JINNO, M. ; YOSHIMI, T. ; TATSUNO, K. ; TAKAHASHI, M. ; KANDA, M. ; TAMADA, Y. ; NAGATAKI, S.; *A Force Controlled Finishing Robot System with a Task-Directed Robot Language.* In: *Journal of Robotics and Mechatronics* 7 (1995), Nr. 5, S. 383–388

[Pet90] PETZOLD, A. ; MARUSCH, H. ; SCHRAMM, B.; *Der Baustoff Glas : Grundlagen, Eigenschaften, Erzeugnisse, Glasbauelemente, Anwendungen ; mit 110 Tabellen*; Schorndorf : Hofmann, 1990

[Pet91] PETZOLDT, J. ; PANNHORST, W.; *Chemistry and structure of glass-ceramic materials for high precision optical applications.* In: *Journal of Non-Crystalline Solids* 129 (1991), 1-3, S. 191–198

[PHM16] PHM, PROGNOSTICS AND HEALTH MANAGEMENT SOCIETY; *Annual conference of the prognostics and health management society 2016 : phm data challenge.* URL https://www.phmsociety.org/events/conference/phm/16/data-challenge – Überprüfungsdatum 2020-11-08

[Pie20] PIEPLOW UND BRANDT; *Datenblätter Gesamtlieferprogramm* : *Abralox E220; Plakor 9*; 2020

[Pil15] PILNÝ, L. ; BISSACCO, G.; *Development of on the machine process monitoring and control strategy in Robot Assisted Polishing*. In: *CIRP Annals* 64 (2015), Nr. 1, S. 313–316

[Pre22] PRESTON, F. W.; *The structure of abraded glass surfaces*; The structure of abraded glass surfaces, 9.02.1922

[Pre27] PRESTON, F. W.; *The Theory and Design of Plate Glass Polishing Machines*. In: *Journal of the society of glass technology* (1927), S. 214–256

[Pre42] PRESTON, F. W.; *The Mechanical Properties of Glass*. In: *Journal of the American Ceramic Society* 13 (1942), Nr. 10, S. 623–634

[Pru17] PRUSS, C. ; BAER, G. B. ; SCHINDLER, J. ; OSTEN, W.; *Measuring aspheres quickly: tilted wave interferometry*. In: *Optical Engineering* 56 (2017), Nr. 11, S. 111713

[Ram18] RAMESH, S.; *A guide to an efficient way to build neural network architectures- Part I: Hyper-parameter selection and tuning for Dense Networks using Hyperas on Fashion-MNIST*; 2018. URL https://towardsdatascience.com/a-guide-to-an-efficient-way-to-build-neural-network-architectures-part-i-hyper-parameter-8129009f131b

[Rao14] RAO, P. K. ; BHUSHAN, M. B. ; BUKKAPATNAM, S. S.T. ; KONG, Z. ; BYALAL, S. ; BEYCA, O. F. ; FIELDS, A. ; KOMANDURI, R.; *Process-Machine Interaction (PMI) Modeling and Monitoring of Chemical Mechanical Planarization (CMP) Process Using Wireless Vibration Sensors.* In: *IEEE Transactions on Semiconductor Manufacturing* 27 (2014), Nr. 1, S. 1–15

[Rie02] RIEDEL, E. ; JANIAK, C.; *Anorganische Chemie*; Berlin : de Gruyter, 2002

[Ros17] ROSS, A. ; WILLSON, V. L.; *Linear Regression*; 2017, S. 39–47

[Rud16] RUDER, S.; *An overview of gradient descent optimization algorithms.* 15.09.2016

[Rum86] RUMELHART, D. E. ; HINTON, G. E. ; WILLIAMS, R. J.; *Learning representations by back-propagating errors.* In: *Nature* 323 (1986), Nr. 6088, S. 533–536

[Sav64] SAVITZKY, A. ; GOLAY, M. J. E.; *Smoothing and Differentiation of Data by Simplified Least Squares Procedures.* In: *Analytical Chemistry* 36 (1964), Nr. 8, S. 1627–1639

[Sch15a] SCHOTT; *Zerodur : Technische Sicherheitsinformation*; 4. Mai 2015a. URL https://www.schott.com/d/advanced_optics/8e1462d3-81f0-4ddc-8fb6-30ed6061cbc3/ZERODUR®_SDS_DE_V5_201505.pdf?tenant=ao-cert

[Sch61] SCHREYER, W. ; SCHAIRER, J. F.; *Metastable solid solutions with quartz-type structures on the join SiO 2 – MgAl 2 O 4*. In: *Zeitschrift für Kristallographie* 116 (1961), 1-2, S. 60–82

[Sch15b] SCHUBERT, I.; *Wissensspeicher Feinoptik* : *13.9 = WSFO*; Apolda : Ingo Schubert, 2015b

[Sch20] SCHUNK GMBH & CO. KG; *Produktinformationen Schnellwechselsystem SWS 060*; 2020. URL https://schunk.com/fileadmin/pim/docs/IM0018903.PDF

[Seg19] SEGRETO, T. ; TETI, R.; *Machine learning for in-process end-point detection in robot-assisted polishing using multiple sensor monitoring*. In: *The International Journal of Advanced Manufacturing Technology* 103 (2019), 9-12, S. 4173–4187

[Sen20] SENSORFAR; *In-Situ Metrology for Pad surface monitoring in CMP*. URL https://www.sensofar.com/de/cs13_in-situ-metrology-for-pad-surface-monitoring-in-cmp/. – Aktualisierungsdatum: 2020-10-26

[Shi16] SHI, Z. F. ; ZHANG, Z. Y. ; HUANG, S. L. ; YUAN, B. Y. ; GUO, X. G. ; ZHOU, P. ; JIN, Z. J.; *Chemical Mechanical Polishing on Extremely Low Expansion Glass Ceramic Wafers*. In: *Materials Science Forum* 874 (2016), S. 389–394

[Sho12] SHORE, P.; MORANTZ, P.; *Ultra-precision: enabling our future.* In: *Philosophical transactions. Series A, Mathematical, physical, and engineering sciences* 370 (2012), Nr. 1973, S. 3993–4014

[Sie02] SIEGFRIED S., Yaolong C.; *Method and apparatus for polishing or lapping an aspherical surface of a work piece*; 30.09.2002. URL https://patentimages.storage.googleapis.com/15/75/c2/2c2183ca2c9198/US6733369.pdf

[Sig20] SIGENIC; *Sigenic - Engineering Intelligent Solutions : Vibration Sensor Series.* URL https://www.sigenic.com/ – Überprüfungsdatum 2020-10-26

[Sol20] SOLVEY; *Opaline - Datenblatt : A high purity cerium polishing powder for fine polishing*; 2020

[Sta20] STATEASE; *Design Expert Version 12.* URL https://www.statease.com/software/design-expert/ – Überprüfungsdatum 2020-12-28

[Sto59] STOOKEY, S. D.; *Catalyzed Crystallization of Glass in Theory and Practice.* In: *Industrial & Engineering Chemistry* 51 (1959), Nr. 7, S. 805–808

[Tam33] TAMMANN, G.; *Der Glaszustand*; Leipzig : Voss, 1933

[Tes13] TESCHNER, R.; *Glasfasern*; Berlin, Heidelberg, s.l. : Springer Berlin Heidelberg, 2013. URL http://dx.doi.org/10.1007/978-3-642-38329-8

[UCI20] UCI; *Machine Learning Repository : Center for Machine Learning and Intelligent Systems*. URL https://archive.ics.uci.edu/ml/index.php – Überprüfungsdatum 2020-12-28

[Uri47] URIE, R. W. ; WYLIE, A. W.; *Rare earth oxides for glass polishing*. In: *Journal of the Society of Chemical Industry* 66 (1947), Nr. 12, S. 433–436

[Var19] VARSHNEYA, A. K. ; MAURO, J. C.; *Fundamentals of inorganic glasses*; Amsterdam, Netherlands : Elsevier, 2019

[Ver01] VEREIN DEUTSCHER INGENIEURE; *VDI/VDE 3550 Blatt 1 - Computational Intelligence Künstliche Neuronale Netze in der Automatisierungstechnik : Begriffe und Definitionen*; Berlin : Beuth Verlag GmbH, September 2001

[Ver02] VEREIN DEUTSCHER INGENIEURE; *VDI/VDE 3550 Blatt 2 - Computational Intelligence Fuzzy-Logik und Fuzzy Control : Begriffe und Definitionen*; Berlin : Beuth Verlag GmbH, Oktober 2002

[Ver03] VEREIN DEUTSCHER INGENIEURE; *VDI/VDE 3550 Blatt 3 - Computational Intelligence Evolutionäre Algorithmen : Begriffe und Definitionen*; Berlin : Beuth Verlag GmbH, Februar 2003

[Vin10] VINOD N., GOEFFREY E. H.; *Rectified linear units improve restricted boltzmann machines*; 2010, S. 807–814. URL https://dl.acm.org/doi/10.5555/3104322.3104425

[Vog92] VOGEL, W.; *Glaschemie*; Berlin, Heidelberg, s.l. : Springer Berlin Heidelberg, 1992. URL http://dx.doi.org/10.1007/978-3-662-07499-2

[Vor82] VORA, H. ; ORENT, T. W. ; STOKES, R. I.; *Mechanochemical Polishing of Silicon Nitride*. In: *Journal of the American Ceramic Society* 65 (1982), Nr. 9, c140-c141

[Wäc18] WÄCHTER, D.; *Wirkweise des Poliermittelträgers beim Polieren optischer Gläser*; Aachen : Apprimus Wissenschaftsverlag, 2018. URL http://search.ebscohost.com/login.aspx?direct=true&scope=site&db=nlebk&AN=1684254

[Wal12] WALKER, D. ; YU, G. ; LI, H. ; MESSELINK, W. ; EVANS, R. ; BEAUCAMP, A.; *Edges in CNC polishing: from mirror-segments towards semiconductors, paper 1: edges on processing the global surface*. In: *Optics express* 20 (2012), Nr. 18, S. 19787–19798

[Wan17] WANG, P. ; GAO, R. X. ; YAN, R.; *A deep learning-based approach to material removal rate prediction in polishing*. In: *CIRP Annals* 66 (2017), Nr. 1, S. 429–432

[War41] WARREN, B. E.; *Summary of Work on atomic arrangement in Glass*. In: *Journal of the American Ceramic Society* 24 (1941), Nr. 8, S. 256–261

[Wei13] WEIGEND, M.; *Python ge-packt : Schneller Zugriff auf Module, Klassen und Funktionen ; Tkinter, Datenbanken, OOP und Internetprogrammierung ; für die Versionen Python 3.3 und 2.7*; Heidelberg, Hamburg : mitp Verl.-Gruppe Hüthig Jehle Rehm, 2013

[Wil17] WILSON, A. C. ; ROELOFS, R. ; STERN, M. ; SREBRO, N. ; RECHT, B.; *The Marginal Value of Adaptive Gradient Methods in Machine Learning.* 23.05.2017

[Wol02] WOLF, S.; *Deep-Submicron process technology*; Sunset Beach, Calif. : Lattice Press, 2002

[Woo11] WOOLFOLK A. ; SCHÖNPFLUG, U.; *Pädagogische Psychologie*; München : Pearson Studium, 2011

[Wrs99] WRSCHKA, P. ; HERNANDEZ, J. ; HSU, Y. ; KUAN, T. S. ; OEHRLEIN, G. S. ; SUN, H. J. ; HANSEN, D. A. ; KING, J. ; FURY, M. A.; *Polishing Parameter Dependencies and Surface Oxidation of Chemical Mechanical Polishing of Al Thin Films.* In: *Journal of The Electrochemical Society* 146 (1999), Nr. 7, S. 2689–2696

[Yu 19] YU Y., Kong. L. ; ZHANG, H. ; XU M. ; WANG, L. L.; *An improved material removal model for robot polishing based on neural networks.* In: *Infrared and Laser Engineering* 48 (2019), Nr. 3, S. 317005

[Zac32] ZACHARIASEN, W. H.; *The atomic arrangement in Glass.* In: *Journal of the American Chemical Society* 54 (1932), Nr. 10, S. 3841–3851

[Zag16] ZAGORUYKO, S. ; KOMODAKIS, N.; *Wide Residual Networks.* 23.05.2016

[Zee21] ZEEKO; *Ultra-Precision Polishing.* URL https://www.zeeko.co.uk/products.html – Überprüfungsdatum 2021-03-07

[Zel03] ZELL, A.; *Simulation neuronaler Netze*; München : Oldenbourg, 2003

[Zhe15] ZHENG, A.; *Evaluating machine learning models : A beginner's guide to key concepts and pitfalls*; Sebastopol, Calif. : O'Reilly Media, 2015

[Zhe19] ZHENG, A. ; CASARI, A. ; LOTZE, T.; *Merkmalskonstruktion für Machine Learning : Prinzipien und Techniken der Datenaufbereitung*; 2019

[Zun11] ZUNKE, R.; *Technological analysis of advanced ceramics polishing.* Zugl.: Aachen, Techn. Hochsch., Diss., 2011; Aachen : Apprimus-Verl., 2011

[Zyg20] ZYGO; *Produktbeschreibung NewView 9000*; 2020. URL https://www.zygo.com/products/metrology-systems/3d-optical-profilers/newview9000